国家海洋创新评估系列报告

Guojia Haiyang Chuangxin Pinggu Xilie Baogao

国家海洋创新指数报告

2017～2018

刘大海　何广顺　主编

科　学　出　版　社

北　京

内 容 简 介

本报告以海洋创新数据为基础，构建了国家海洋创新指数，客观分析了我国海洋创新现状与发展趋势，定量评估了国家和区域海洋创新能力，探讨了我国海洋科研机构的空间分布特征与演化趋势，并对我国海洋创新能力进行了评价与展望。同时，对比分析了全球海洋创新能力，并开展了国际海洋科技研究态势和我国海洋国家实验室等专题分析。

本报告既适用于海洋领域的专业科技工作者和研究生、大学生，也是海洋管理和决策部门的重要参考资料，并可为全社会认识和了解我国海洋创新发展提供窗口。

图书在版编目（CIP）数据

国家海洋创新指数报告. 2017～2018/刘大海，何广顺主编.—北京：科学出版社，2019.3

（国家海洋创新评估系列报告）

ISBN 978-7-03-060391-3

Ⅰ. ①国… Ⅱ. ①刘… ②何… Ⅲ. ①海洋经济-技术革新-研究报告-中国-2017-2018 Ⅳ. ①P74

中国版本图书馆 CIP 数据核字（2018）第 303072 号

责任编辑：朱 瑾 白 雪 / 责任校对：郑金红
责任印制：张 伟 / 封面设计：无极书装

科 学 出 版 社 出版
北京东黄城根北街 16 号
邮政编码：100717
http://www.sciencep.com
北京虎彩文化传播有限公司 印刷
科学出版社发行 各地新华书店经销
*
2019 年 3 月第 一 版 开本：889×1194 1/16
2019 年 3 月第一次印刷 印张：8 1/2
字数：270 000

定价：150.00 元

（如有印装质量问题，我社负责调换）

《国家海洋创新指数报告 2017～2018》编辑委员会

前　言

党的十九大报告指出“创新是引领发展的第一动力”，要“加强国家创新体系建设，强化战略科技力量”。“十三五”时期是我国全面建成小康社会的决胜阶段，是实施创新驱动发展战略、建设海洋强国的关键时期。海洋创新是国家创新的重要组成部分，也是实现海洋强国战略的动力源泉。十九大报告同时提出，“实施区域协调发展战略”“坚持陆海统筹，加快建设海洋强国”“要以‘一带一路’建设为重点，坚持引进来和走出去并重”“加强创新能力开放合作，形成陆海内外联动、东西双向互济的开放格局”。

为响应国家海洋创新战略、服务国家创新体系建设，国家海洋局[①]第一海洋研究所于2006年着手开展海洋创新指标的测算工作，并于2013年启动国家海洋创新指数的研究工作。在国家海洋局领导和专家学者的帮助支持下，国家海洋创新评估系列报告自2015年以来已经出版了七册，《国家海洋创新指数报告2017～2018》是该系列报告的第八册。

《国家海洋创新指数报告2017～2018》基于海洋经济统计、科技统计和科技成果登记等权威数据，从海洋创新资源、海洋知识创造、海洋创新绩效、海洋创新环境4个方面构建指标体系，定量测算了2002～2016年我国海洋创新指数。客观评价了我国国家和区域海洋创新能力，研究了我国海洋科研机构的空间分布特征与演化趋势，对比分析了全球海洋创新能力，并对国际海洋科技研究态势和我国海洋国家实验室进行了专题分析，切实反映了我国海洋创新的质量和效率。

《国家海洋创新指数报告2017～2018》由国家海洋局第一海洋研究所海洋政策研究中心组织编写。中国科学院兰州文献情报中心参与编写了海洋论文、专利、全球海洋创新能力分析和国际海洋科技研究态势专题分析等部分。青岛海洋科学与技术试点国家实验室参与编写了我国海洋国家实验室专题分析部分。国家海洋信息中心、科学技术部创新发展司、教育部科学技术司等单位和部门提供了数据支持。中国科学技术发展战略研究院对评价体系与测算方法给予了技术支持。在此对参与编写和提供数据与技术支持的单位及个人，一并表示感谢。

希望国家海洋创新评估系列报告能够成为全社会认识和了解我国海洋创新发展的窗口。本报告是国家海洋创新指数研究的阶段性成果，敬请各位同仁批评指正，编写组会汲取各方面专家学者的宝贵意见，不断完善国家海洋创新评估系列报告。

刘大海　何广顺

2018年7月

① 2018年3月，根据第十三届全国人民代表大会第一次会议批准的国务院机构改革方案，不再保留国家海洋局，将其职责整合，由自然资源部管理。

目　录

第一章　从数据看我国海洋创新

在海洋强国和“一带一路”倡议背景下，我国海洋创新发展不断取得新成就，部分领域达到国际先进水平，海洋创新条件和环境条件明显改善。

海洋创新人力资源持续优化。海洋科研机构中科技活动人员结构持续改善，R&D(科学研究与试验发展，research and development)人员总量、折合全时工作量稳步上升，R&D 人员学历结构不断优化。

海洋创新国家级平台保持稳定。海洋科研机构的国家(重点/工程)实验室和国家工程(研究/技术研究)中心数量近年基本稳定，海洋科研机构的基本建设与固定资产逐年增加。

海洋创新经费规模显著提升。海洋科研机构的 R&D 经费规模显著提升，R&D 经费内部支出稳定增长。

海洋创新产出成果稳步增长。海洋科研机构的海洋科技论文总量保持增长，海洋领域 SCI 论文发表数量大幅增长，海洋科技著作出版种类明显增长，专利申请量、授权量涨势强劲。

高等学校海洋创新稳步提升。涉海高等学校海洋创新的人员、经费、课题等方面均呈现逐年增长的态势。

海洋科技对海洋经济发展的贡献稳步增强。2016 年海洋科技进步贡献率达到 65.9%[①]，海洋科技成果转化率达到 50.0%[②]，海洋科技创新促进成果转化的作用日益彰显。

第一节　海洋创新人力资源结构稳定

海洋创新人力资源是建设海洋强国和创新型国家的主导力量和战略资源，海洋创新科研人员的综合素质决定了国家海洋创新能力提升的速度和幅度。海洋科研机构的科技活动人员和 R&D 人员是重要的海洋创新人力资源，突出反映了一个国家海洋创新人才资源的储备状况。其中，科技活动人员是指海洋科研机构中从事科技活动的人员，包括科技管理人员、课题活动人员和科技服务人员等；R&D 人员是指海洋科研机构本单位人员及外聘研究人员和在读研究生中参加 R&D 课题的人员、R&D 课题管理人员和为 R&D 活动提供直接服务的人员。

一、科技活动人员结构持续优化

从人员构成上看，2011～2016 年我国海洋科研机构的课题活动人员(即编制在研究室或课题组的人员)在科技活动人员中占比保持在 64%以上，2016 年有较大幅度上升；科技管理人员(即机构领导及业务、人事管理人员)和科技服务人员(即直接为科技工作服务的各类人员)部分在 15%以下，但 2014～2016 年科技服务人员比例相对较高(图 1-1)。从人员学历结构上看，2011～2016 年我国海洋科研机构科技活动人员中博士、硕士毕业生占比总体呈增长态势，2016 年博士、硕士毕业生分别占科技活动人员总量的 28.14%和 32.32%，均比 2015 年有所提升(图 1-2)。从人员职称结构上看，2011～2016 年我国海洋科研机构科技活动人员中高级、中级职称人员占比明显高于初级职称人员占比，2016 年高级、中级职称人员分别占科技活动人员总量的 41.85%和 34.15%(图 1-3)。

---

① 2016 年海洋科技进步贡献率是根据 2006～2016 年相关数据测算所得
② 2016 年海洋科技成果转化率是根据 2000～2016 年相关数据测算所得

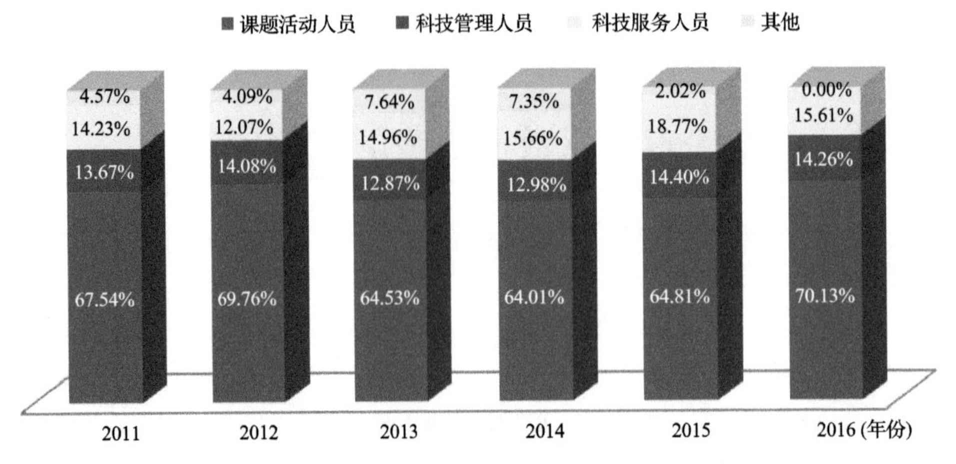

图 1-1　2011～2016 年海洋科研机构科技活动人员构成

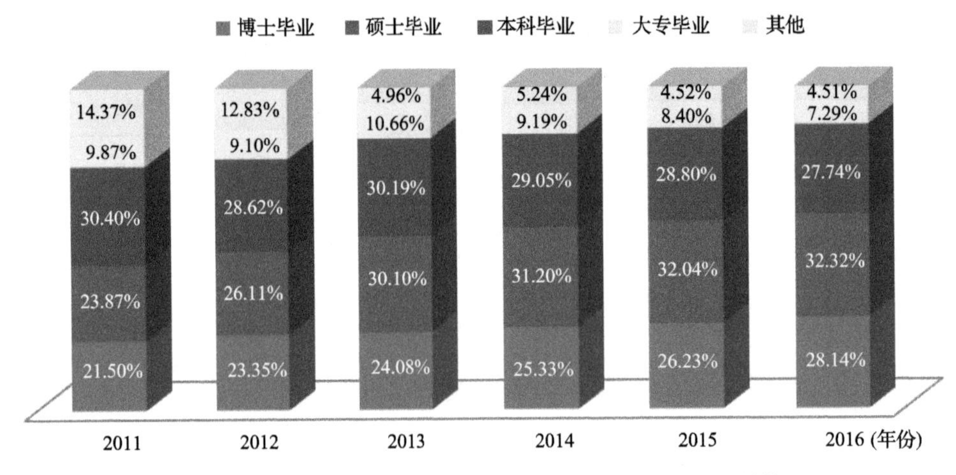

图 1-2　2011～2016 年海洋科研机构科技活动人员学历结构

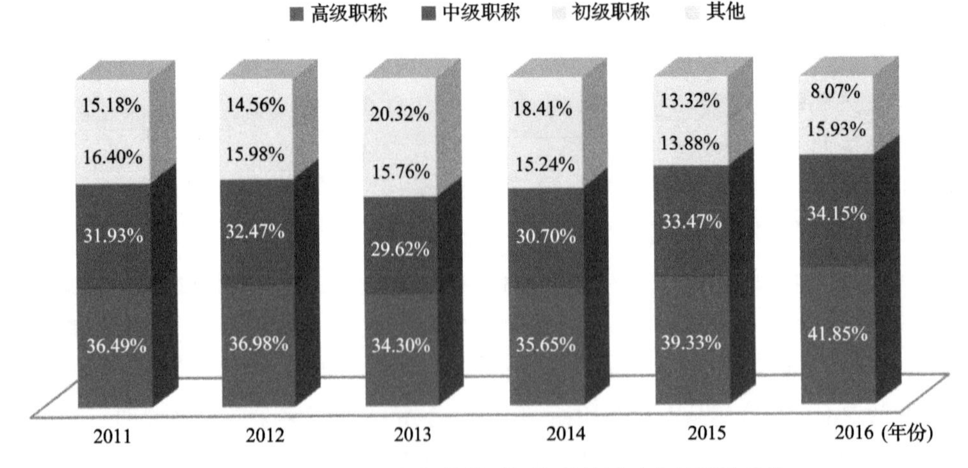

图 1-3　2011～2016 年海洋科研机构科技活动人员职称结构

二、R&D 人员总量、折合全时工作量稳中有升

2002～2016 年，我国海洋科研机构的 R&D 人员总量和折合全时工作量总体呈现稳步上升态势(图 1-4)。其中，2002～2006 年，R&D 人员总量和折合全时工作量增长相对较缓；2006～2007 年，两者均涨势迅猛，增长率分别为 119.1%和 88.16%；2007～2014 年，两者保持稳步增长；2014～2015 年，R&D 人员总量略

有下降；2015～2016 年，两者再次出现明显增长，增长率分别为 13.68%和 6.55%。

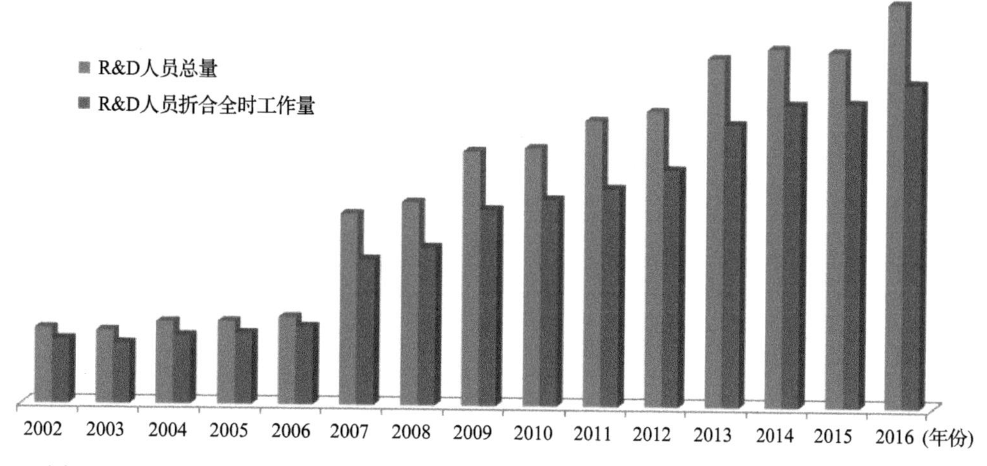

图 1-4　2002～2016 年海洋科研机构 R&D 人员总量(人)、折合全时工作量(人·年)趋势

三、R&D 人员学历结构基本稳定

2011～2016 年，我国海洋科研机构 R&D 人员中博士毕业生数量保持增长，占比呈波动上升趋势，硕士毕业生数量总体呈现增长态势。2016 年博士和硕士毕业生分别占 R&D 人员总量的 31.67%和 32.97%(图 1-5)。其中，博士毕业生占比 2015 年最高，达到 31.99%，比 2011 年增长了 4.17 个百分点；硕士毕业生占比呈波动增长态势，2016 年比 2011 年增长了 6.07 个百分点。

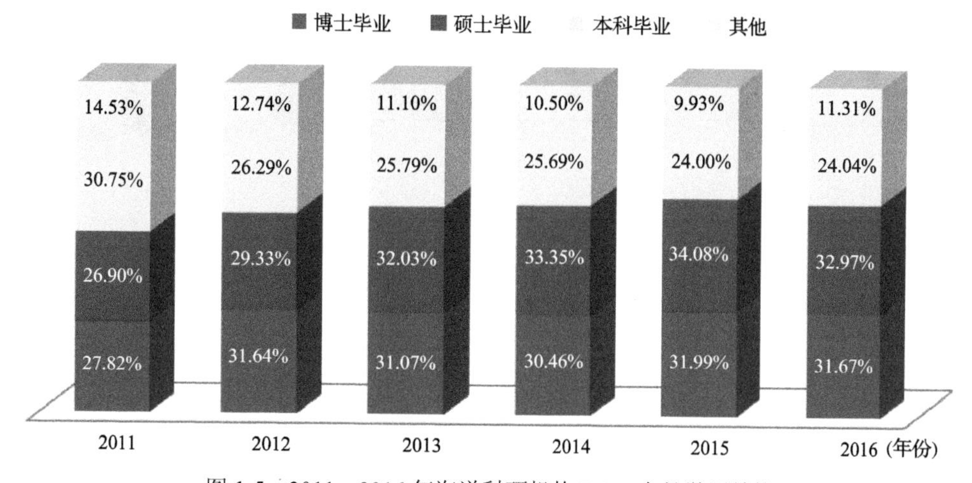

图 1-5　2011～2016 年海洋科研机构 R&D 人员学历结构

第二节　海洋创新平台环境逐渐改善

一、海洋科研机构的国家(重点/工程)实验室和国家工程(研究/技术研究)中心数量略有下降

2002～2016 年，海洋科研机构的国家(重点/工程)实验室和国家工程(研究/技术研究)中心数量总体呈现增长态势，国家(重点/工程)实验室个数 2010 年达到最大值，国家工程(研究/技术研究)中心个数在 2013～2015 年维持最大值(图 1-6)。

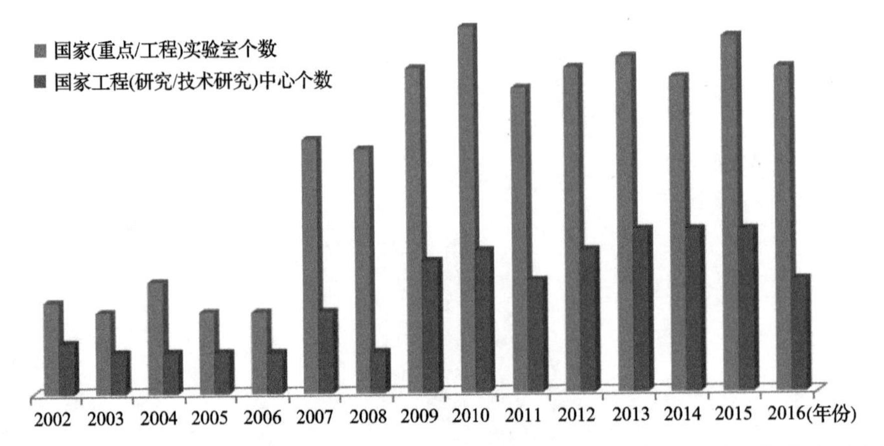

图 1-6　2002～2016 年海洋科研机构国家（重点/工程）实验室和国家工程（研究/技术研究）中心数量（个）趋势

二、基本建设投资实际完成额保持增长

基本建设投资实际完成额是指本机构在当年完成的用货币表示的基本建设工作量，按用途分为科研仪器设备、科研土建工程、生产经营土建与设备和生活土建与设备。基本建设投资科研仪器设备是指在基本建设投资的实际完成额中购置的科研仪器设备总值，基本建设投资科研土建工程是指在基本建设投资的实际完成额中完成的科研土建工作量（如科研楼、试验用房等）。2002～2016 年，我国海洋科研机构的基本建设投资实际完成额总体呈增长态势（图 1-7），2007 年增长最为迅猛，年增长率达到 228.66%，2016 年是 2002 年的 28.66 倍。从用途分类来看，2002～2016 年基本建设投资实际完成额主要用于科研土建工程和科研仪器设备，2016 年占比分别为 44.52%和 54.82%（图 1-8）。

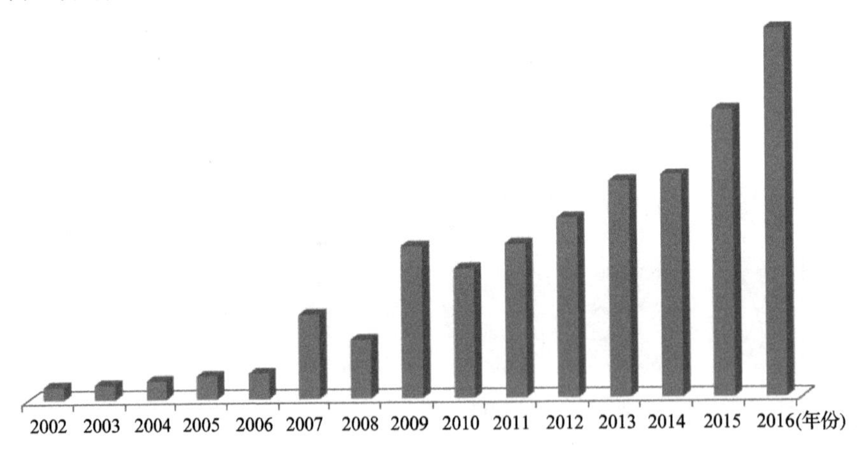

图 1-7　2002～2016 年海洋科研机构基本建设投资实际完成额（千元）趋势

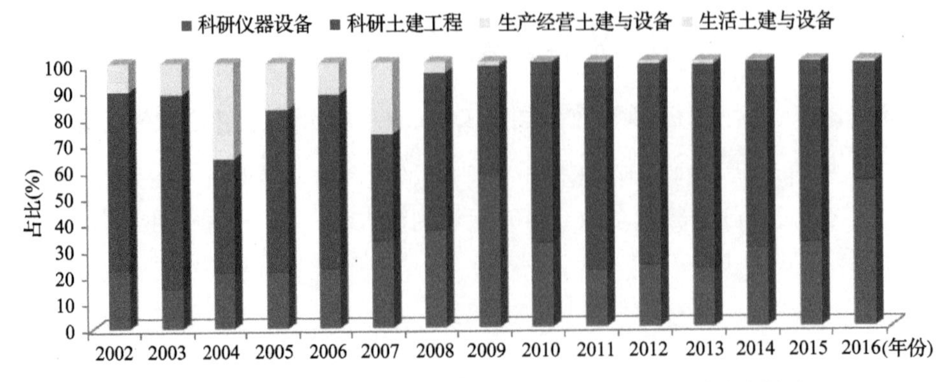

图 1-8　2002～2016 年海洋科研机构基本建设投资实际完成额构成

三、固定资产和科学仪器设备逐年递增

固定资产是指能在较长时间内使用，消耗其价值但能保持原有实物形态的设施和设备，如房屋和建筑物等。作为固定资产应同时具备两个条件，即耐用年限在一年以上，且单位价值在规定标准以上的财产、物资。2002～2016 年，我国海洋科研机构的固定资产原价持续增长(图 1-9)，年均增长率为 22.04%。固定资产原价中科学仪器设备是指从事科技活动的人员直接使用的科研仪器设备，不包括与基建配套的各种动力设备、机械设备、辅助设备，也不包括一般运输工具(科学考察用交通运输工具除外)和专用于生产的仪器设备。2002～2016 年，我国海洋科研机构固定资产原价中科学仪器设备部分同样保持增长态势(图 1-9)，年均增长率为 24.88%。

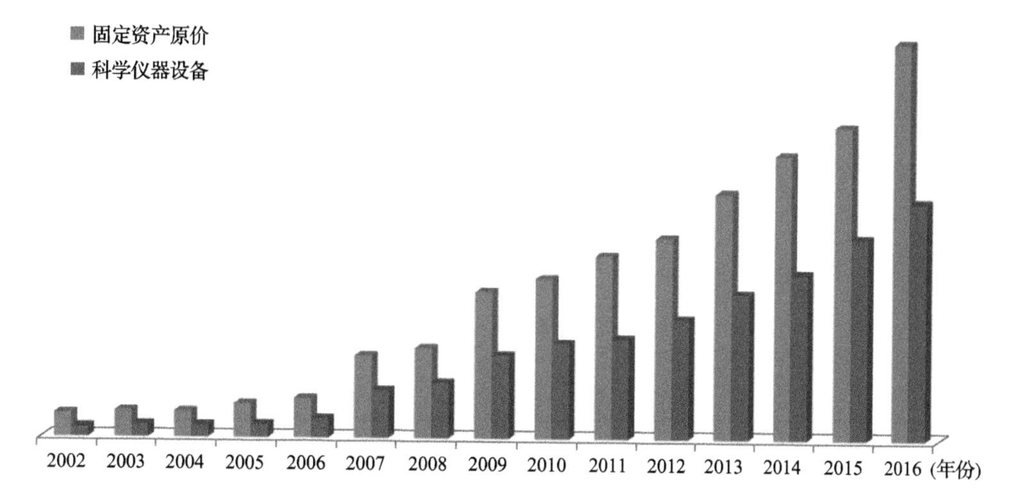

图 1-9 2002～2016 年海洋科研机构固定资产原价(千元)和固定资产原价中科学仪器设备(千元)趋势

第三节 海洋创新经费规模显著提升

R&D 活动是创新活动最为核心的组成部分，不仅是知识创造和自主创新能力的源泉，还是全球化环境下吸纳新知识和新技术的能力基础，更是反映科技经济协调发展和衡量经济增长质量的重要指标。海洋科研机构的 R&D 经费是重要的海洋创新经费，能够有效反映国家海洋创新活动规模、客观评价国家海洋科技实力和创新能力。

一、R&D 经费规模稳中有升

2002～2016 年，我国海洋科研机构的 R&D 经费支出总体保持增长态势(图 1-10)，年均增长率达到 23.72%。2007 年是该指标迅猛增长的一年，年增长率达到 145.18%。

R&D 经费占全国海洋生产总值比重通常作为国家海洋科研经费投入强度指标，反映国家海洋创新资金投入强度。2002～2016 年，该指标整体呈现增长态势，年均增长率为 8.54%；2016 年较 2015 年，该指标略有下降(图 1-11)。

二、R&D 经费内部支出稳定增长

R&D 经费内部支出是指当年为进行 R&D 活动而实际用于机构内的全部支出，包括 R&D 经常费支出和 R&D 基本建设费。2002～2016 年，R&D 基本建设费在 R&D 经费内部支出中的比例波动上升(图 1-12)，占比从 2002 年的 8.71%上升到 2016 年的 13.98%，体现出我国对基本建设重视程度的提高。

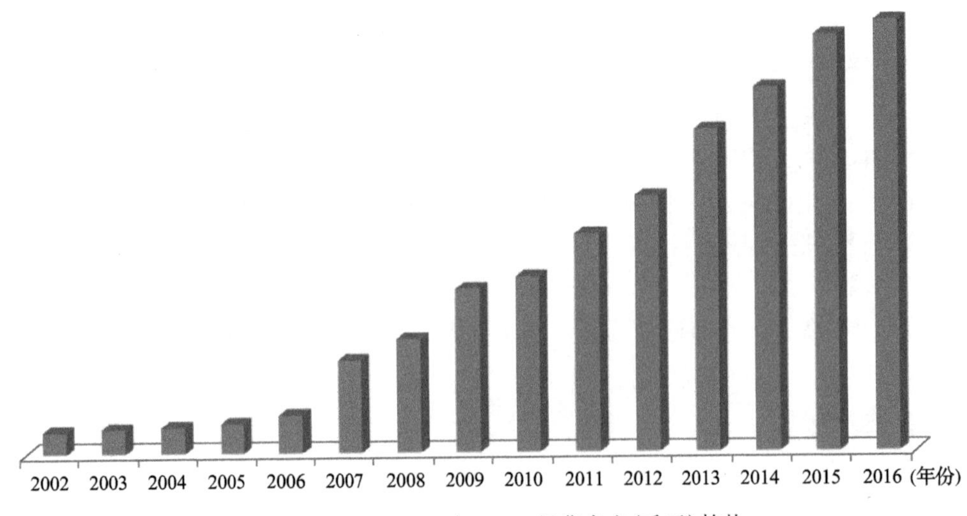

图 1-10　2002～2016 年 R&D 经费支出(千元)趋势

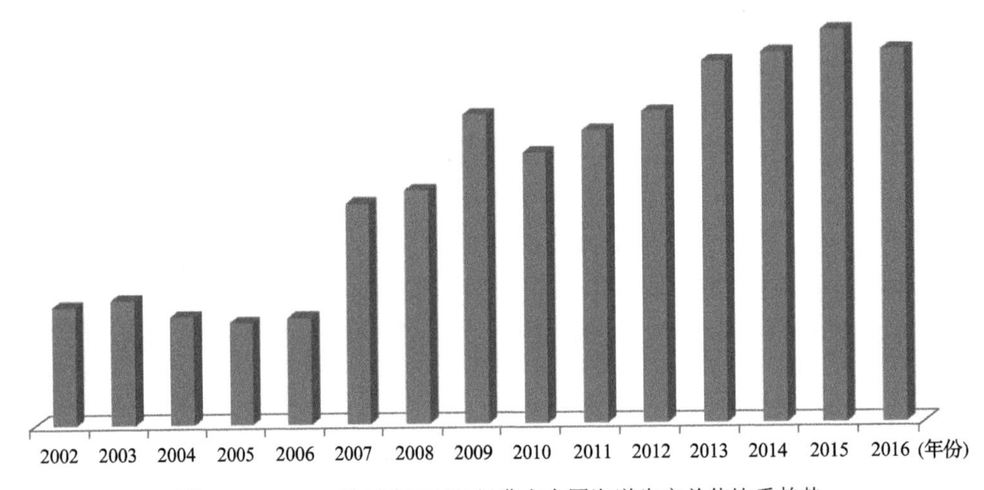

图 1-11　2002～2016 年 R&D 经费占全国海洋生产总值比重趋势

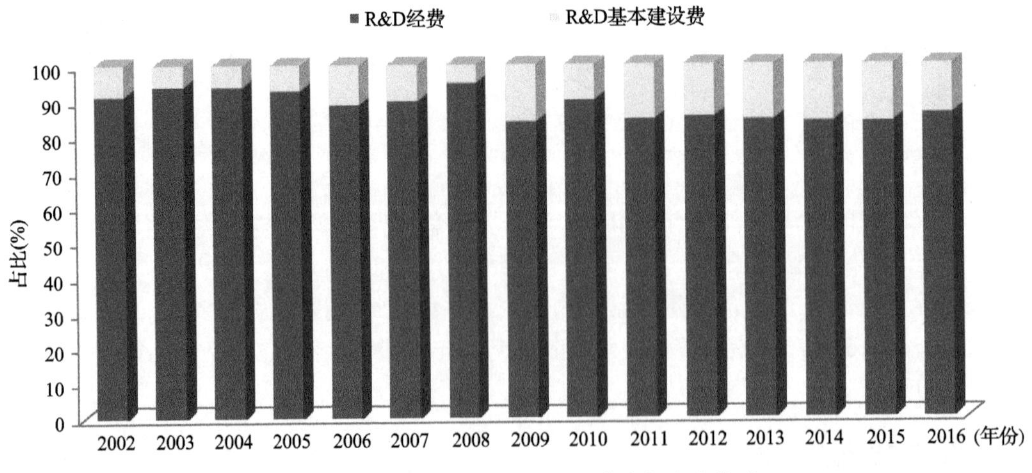

图 1-12　2002～2016 年 R&D 经费内部支出构成

从费用类别来看，R&D 经常费支出包括人员费(含工资)、设备购置费和其他日常支出(包括业务费和管理费)，R&D 基本建设费包括仪器设备费和土建费。其中，2002～2016 年，R&D 经常费支出中其他日常支出占比保持在 50%以上，人员费和设备购置费占比小幅波动下降(图 1-13)，2016 年，人员费和设备购置费占比分别为 30.15%和 12.08%，其他日常支出占比为 57.77%。2002～2016 年，R&D 基本建设费构成呈波动变化趋势，除 2007 年和 2009 年土建费占比小于仪器设备费占比外，其他年份均超过仪器设备费占比(图 1-14)。

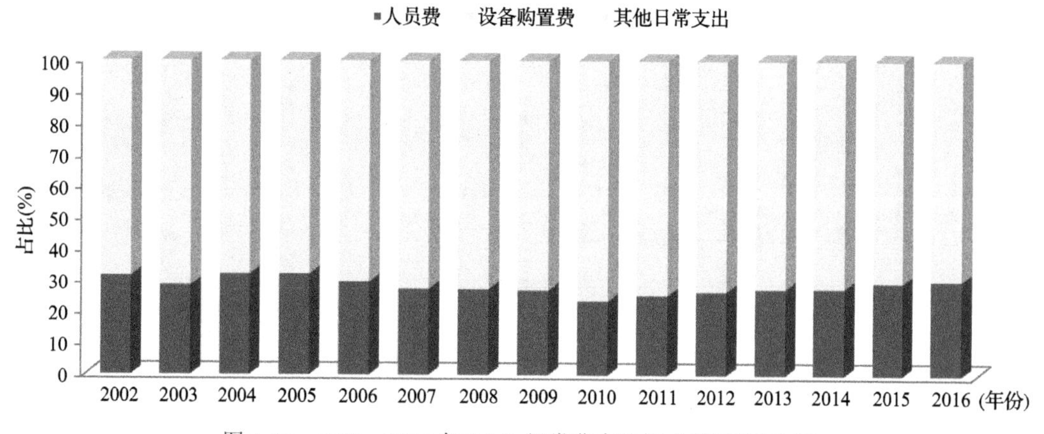

图 1-13　2002～2016 年 R&D 经常费支出构成(按费用类别)

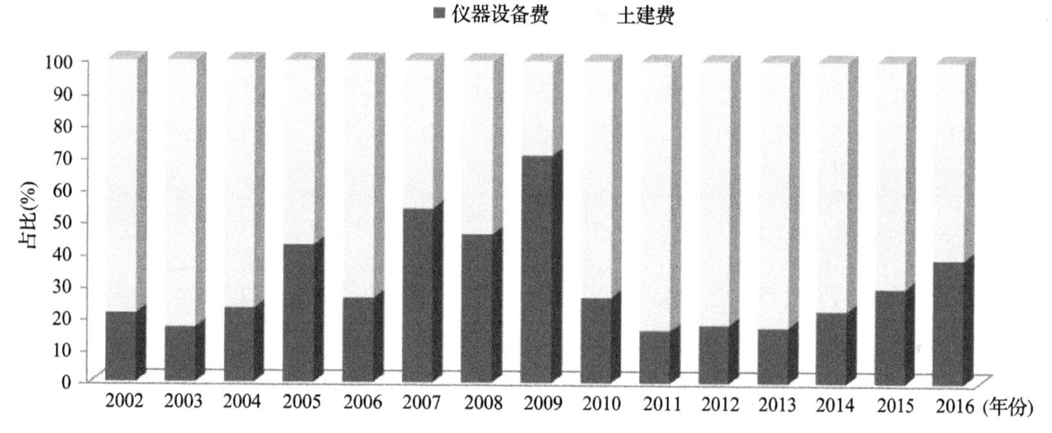

图 1-14　2002～2016 年 R&D 基本建设费构成(按费用类别)

从活动类型来看，2002～2016 年，R&D 经常费支出中用于基础研究的经费占比总体上呈波动上升趋势，用于应用研究的经费占比从 2002 年的 48.73%下降至 2016 年的 37.73%，用于试验发展的经费占比从 2002 年的 33.05%下降至 2016 年的 31.28%(图 1-15)。从经费来源来看，2002～2016 年，R&D 经费内部支出主要来源于政府资金和企业资金，且政府资金占比波动下降，同时企业资金占比波动上升。2016 年，政府资金和企业资金占比分别为 80.69%和 9.11%(图 1-16)。

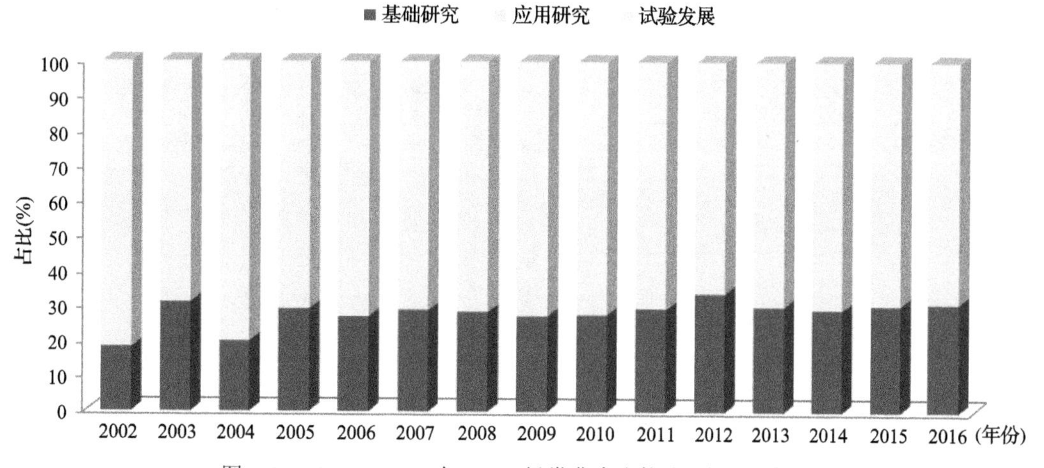

图 1-15　2002～2016 年 R&D 经常费支出构成(按活动类型)

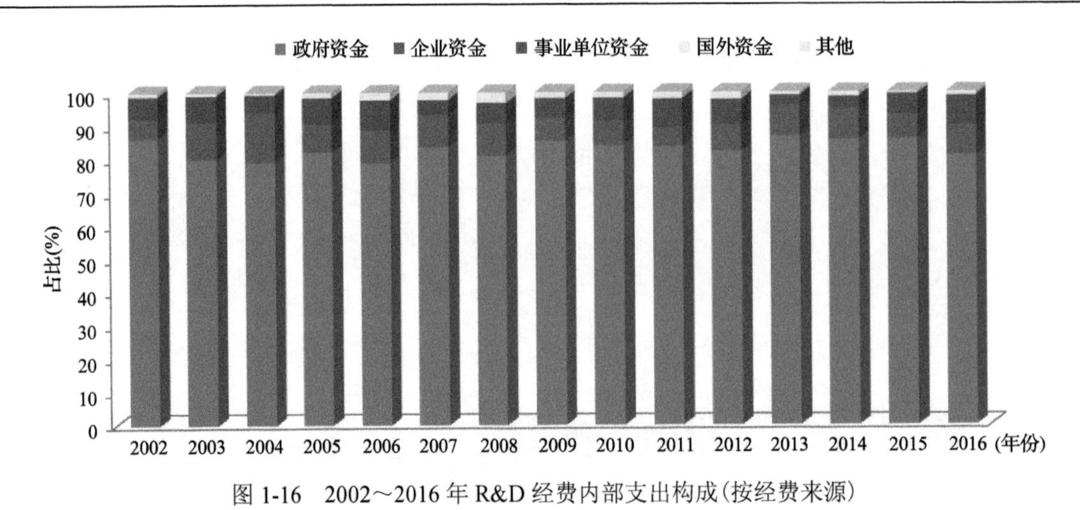

图 1-16　2002～2016 年 R&D 经费内部支出构成(按经费来源)

第四节　海洋创新产出成果持续增长

知识创新是国家竞争力的核心要素。创新产出是指科学研究与技术创新活动所产生的各种形式的中间成果，是科技创新水平和能力的重要体现。论文、著作的数量和质量能够反映海洋科技原始创新能力，专利申请量和授权量等则更能直接反映海洋创新活动程度和技术创新水平。较高的海洋知识扩散与应用能力是创新型海洋强国的共同特征之一。

一、海洋科技论文总量保持增长

海洋科技论文总量保持稳定增长态势。2001～2016 年，我国海洋领域科技论文总量持续增长，2016 年论文发表数量是 2001 年的 6.06 倍，年均增长率为 12.77%。如图 1-17 所示，“十一五”到“十三五”开局之年海洋科技论文数量基本呈线性趋势增长，但存在增长幅度的差异，尤其是“十二五”期间，我国海洋科技论文数量迅猛增加。海洋科技研究中、外文论文年度发表数量总体上也呈增长趋势，其中，中国科学引文数据库(Chinese Science Citation Database，CSCD)论文呈波动增长趋势；海洋领域 SCI 论文发表数量飞速增长，尤其是自“十二五”期间我国提出建设海洋强国计划以来，论文发表数量呈现明显的增长趋势。

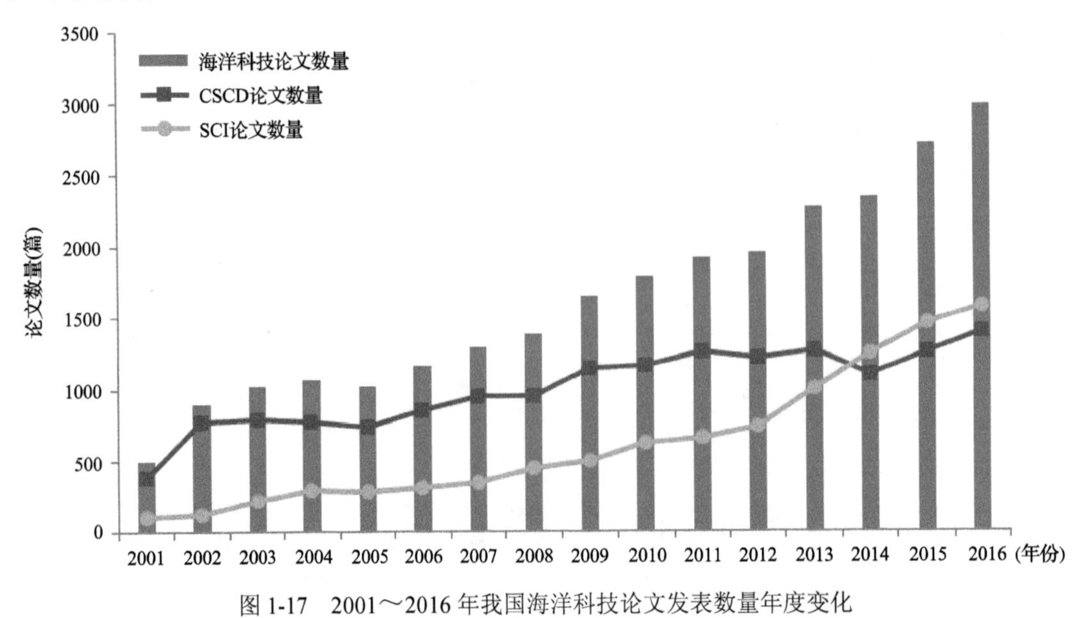

图 1-17　2001～2016 年我国海洋科技论文发表数量年度变化

从科技论文发表数量的年增长率来看，海洋学领域 CSCD 论文数量除 2004 年、2005 年、2008 年、

2012 年、2014 年外，其他年份均呈正增长趋势，2006 年和 2009 年增长率均为 15%以上；除 2005 年外，海洋学领域 SCI 论文每年发文量均为正增长趋势，增长率在 25%及以上的年份为 2003 年、2004 年、2008 年、2013 年和 2014 年(表 1-1)。

表 1-1　2001～2016 年我国海洋科技论文发表数量及年增长率分析

年份	CSCD 论文数量(篇)	SCI 论文数量(篇)	海洋科技论文数量(篇)	年增长率(%)	
				CSCD 论文数量	SCI 论文数量
2001	384	108	492		
2002	767	126	893	100	17
2003	791	224	1015	3	78
2004	772	294	1066	−2	31
2005	737	279	1016	−5	−5
2006	853	308	1161	16	10
2007	948	346	1294	11	12
2008	943	442	1385	−1	28
2009	1144	499	1643	21	13
2010	1161	619	1780	1	24
2011	1257	655	1912	8	6
2012	1217	736	1953	−3	12
2013	1265	1000	2265	4	36
2014	1097	1246	2343	−13	25
2015	1254	1461	2715	14	17
2016	1403	1580	2983	12	8

二、我国海洋学 SCI 论文量质齐升

2001～2016 年我国海洋学 SCI 发文量为 9923 篇，年度发文量呈现明显增长趋势，尤其是在 2012 年之后快速增长(图 1-18)，2016 年发文量是 2001 年的 14.63 倍。2001～2016 年 SCI 发文量呈现明显增长趋势，2013 年是 SCI 论文数量增长的突变年。SCI 发文增长量在 2006～2010 年呈现波动增长趋势，2011～2016 年 SCI 发文增长数量先增后减。如图 1-19 所示，2001～2016 年，国际海洋学 SCI 论文发表数量有增有减，我国发文量呈现持续增长趋势，尤其是进入“十二五”之后，呈现快速增长趋势。如图 1-20 所示，2001～2016 年，我国 SCI 论文中第一作者国家署名的论文呈现增长趋势，其中，2012～2015 年呈现明显的直线增长趋势。

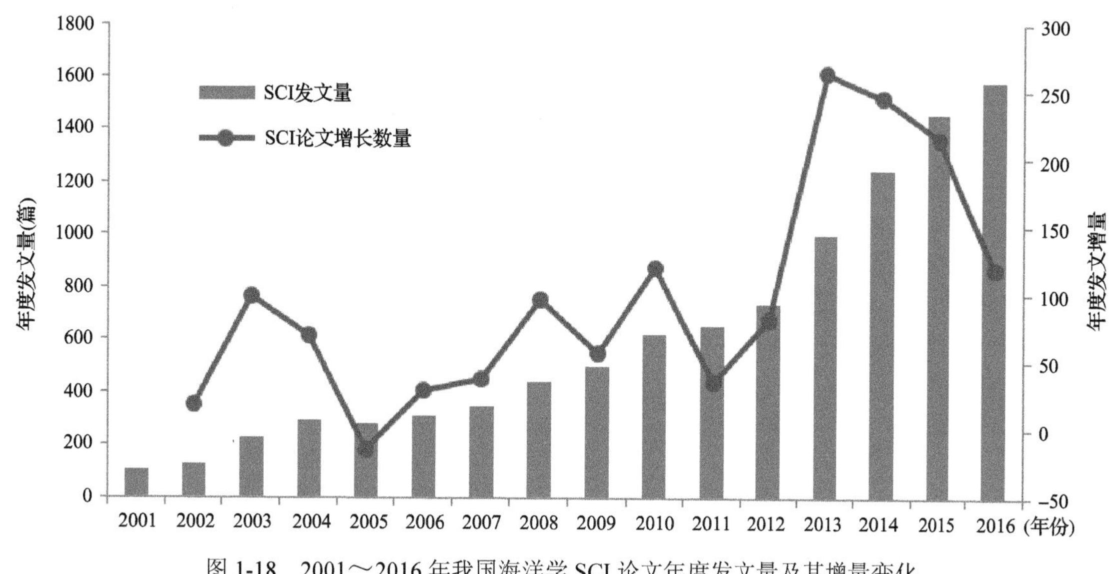

图 1-18　2001～2016 年我国海洋学 SCI 论文年度发文量及其增量变化

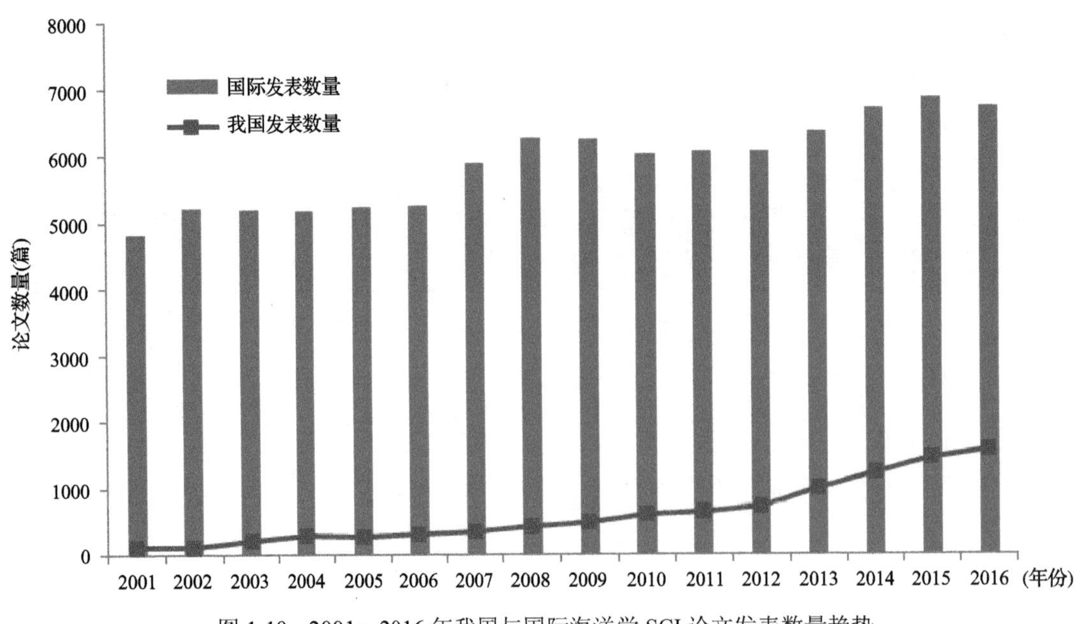

图 1-19　2001～2016 年我国与国际海洋学 SCI 论文发表数量趋势

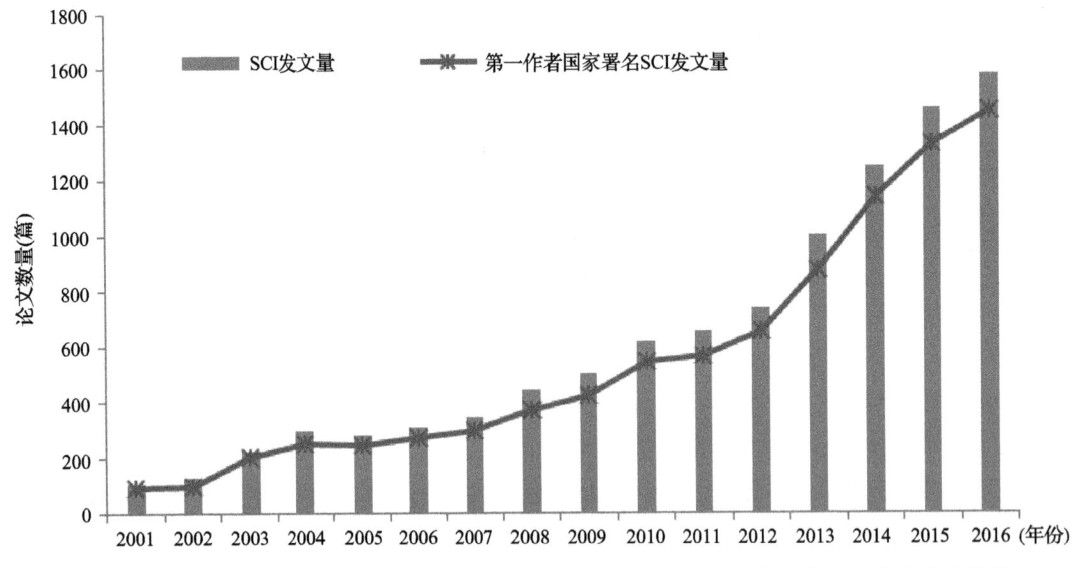

图 1-20　2001～2016 年我国海洋学 SCI 论文全部论文与第一作者国家署名论文发表数量趋势

我国海洋领域 SCI 论文学科交叉频繁。Web of Science 数据库中收录的每一条记录都包含了其来源出版物所属的学科类别，共覆盖 252 个学科类别。根据检索式在 Web of Science 数据库中检索到的我国与海洋科技相关的 SCIE 研究论文共涉及 22 个学科类别，如表 1-2 所示，海洋科技研究涉及众多学科领域且学科之间交叉频繁。除海洋学外，在研究成果中涉及较多的学科领域还包括海洋工程、湖沼学、气象学与大气科学、水资源学、海洋与淡水生物学、生态学、地球化学与地球物理学、地质工程、采矿与选矿、渔业学和海洋科技相关学科及交叉学科领域。

海洋领域 SCI 论文期刊分布如表 1-3 所示，统计了 2001～2016 年我国海洋科技领域发表 SCI 论文数量排名前 20 的期刊。其中，发文数量在 1000 篇之上的期刊为 *Acta Oceanologica Sinica*、*Chinese Journal of Oceanology and Limnology*，其次发文量较多的为 *China Ocean Engineering*、*Ocean Engineering* 和 *Journal of Ocean University of China* 等期刊，其发文数量在 500 篇以上。

表 1-2 2001～2016 年我国海洋科技论文 SCIE 发文的学科分布

序号	WOS 学科分类/英文	WOS 学科分类/中文	论文数量(篇)
1	Oceanography	海洋学	10 389
2	Engineering, Ocean	海洋工程	4 634
3	Engineering, Civil	土木工程	2 508
4	Limnology	湖沼学	1 350
5	Meteorology & Atmospheric Sciences	气象学与大气科学	1 220
6	Water Resources	水资源学	1 213
7	Geosciences, Multidisciplinary	地球交叉科学	1 206
8	Marine & Freshwater Biology	海洋与淡水生物学	1 094
9	Engineering, Mechanical	机械工程	1 054
10	Engineering, Multidisciplinary	工程交叉科学	750
11	Ecology	生态学	233
12	Geochemistry & Geophysics	地球化学与地球物理	200
13	Engineering, Geological	地质工程	157
14	Mining & Mineral Processing	采矿与选矿	157
15	Fisheries	渔业学	143
16	Chemistry, Multidisciplinary	化学交叉科学	141
17	Engineering, Electrical & Electronic	电子与电气工程	115
18	Remote Sensing	遥感	62
19	Environmental Sciences	环境科学	45
20	Mechanics	力学	45
21	Paleontology	古生物学	43
22	Energy & Fuels	能源和燃料	3

表 1-3 2001～2016 年中国海洋科技 SCI 论文的主要发文期刊及发文量

序号	期刊名称	发文数量(篇)	序号	期刊名称	发文数量(篇)
1	*Acta Oceanologica Sinica*	1479	11	*Marine Ecology Progress Series*	159
2	*Chinese Journal of Oceanology and Limnology*	1173	12	*Marine Georesources & Geotechnology*	154
3	*China Ocean Engineering*	874	13	*Journal of Marine Systems*	138
4	*Ocean Engineering*	709	14	*Terrestrial Atmospheric and Oceanic Sciences*	138
5	*Journal of Ocean University of China*	554	15	*Journal of Atmospheric and Oceanic Technology*	133
6	*Journal of Geophysical Research-Oceans*	518	16	*Marine Geology*	125
7	*Estuarine Coastal and Shelf Science*	320	17	*Deep-Sea Research Part II-TopicaL Studies in Oceanography*	123
8	*Continental Shelf Research*	294	18	*Journal of Oceanography*	122
9	*Journal of Navigation*	186	19	*Ocean & Coastal Management*	117
10	*Applied Ocean Research*	185	20	*Marine Chemistry*	112

2001～2016 年我国海洋科技 SCI 论文的主要发文机构中排名前 20 的机构如表 1-4 所示。其中，中国科学院排名为第一，论文数量为第二名中国海洋大学的 1.5 倍以上，发文量在 1000 篇以上的机构还有排名第三的国家海洋局，其后依次为大连理工大学、厦门大学、上海交通大学、华东师范大学、浙江大学、河海大学及中国水产科学院等机构。

表 1-4　2001～2016 年我国海洋科技 SCI 论文的主要发文机构及发文量

序号	机构名称/英文	机构名称/中文	论文数量（篇）
1	Chinese Acad. Sci.	中国科学院	2709
2	Ocean Univ. China	中国海洋大学	1783
3	State Ocean. Adm.	国家海洋局	1258
4	Dalian Univ. Technol.	大连理工大学	588
5	Xiamen Univ.	厦门大学	518
6	Shanghai Jiao Tong Univ.	上海交通大学	457
7	East China Normal Univ.	华东师范大学	318
8	Zhejiang Univ.	浙江大学	316
9	Hohai Univ.	河海大学	287
10	Chinese Acad. Fishery Sci.	中国水产科学院	248
11	Hong Kong Univ. Sci. & Technol.	香港科技大学	219
12	Tianjin Univ.	天津大学	218
13	Tongji Univ.	同济大学	200
14	Shanghai Ocean Univ.	上海海洋大学	199
15	Harbin Engin. Univ.	哈尔滨工程大学	197
16	Nanjing Univ.	南京大学	165
17	Woods Hole Oceanog. Inst.	伍兹霍尔海洋研究所	124
18	Sun Yat-Sen Univ.	中山大学	114
19	Univ. Hong Kong	香港大学	137
20	Nanjing Univ. Informat. Sci. & Technol.	南京信息工程大学	130

三、海洋科技著作出版种类明显增长

2002～2016 年，我国海洋科研机构的海洋科技著作出版种类总体呈现增长态势（图 1-21），年均增长率为 13.97%。其中，2002～2005 年海洋科技著作出版种类处于稳定增长阶段，平均增长率为 17.27%；2006～2007 年与 2008～2009 年海洋科技著作出版种类快速增长，增长率分别为 104.41%与 64.47%；2010～2016 年海洋科技著作出版种类年均增长率为 10.64%。

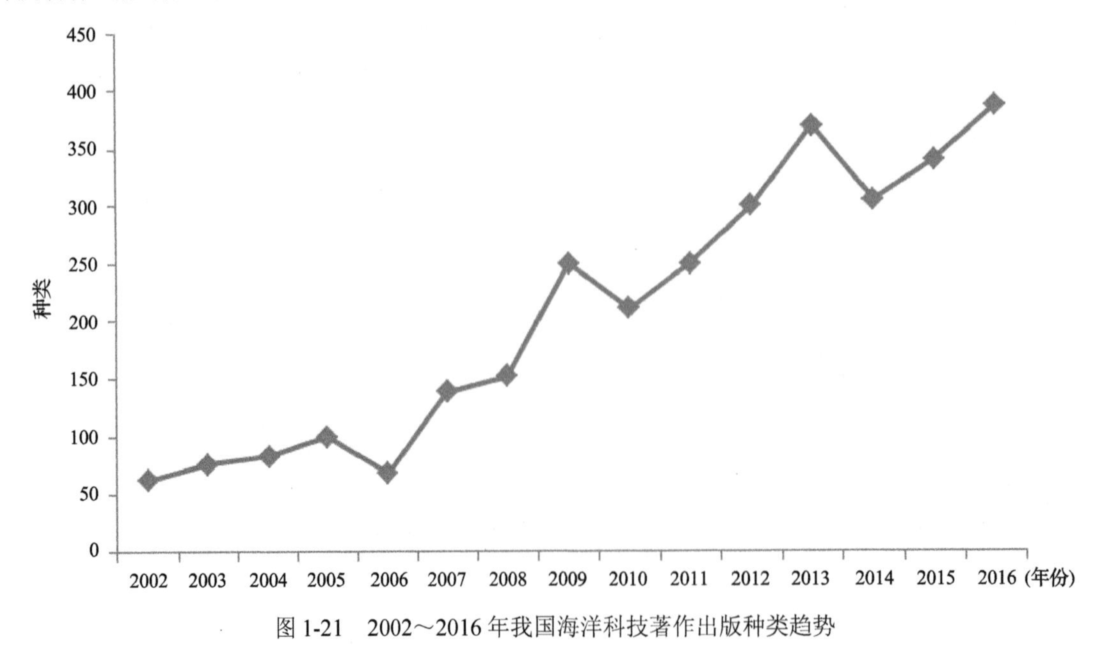

图 1-21　2002～2016 年我国海洋科技著作出版种类趋势

四、海洋工程技术(EI)论文先增后降

工程索引(Engineering Index，EI)是美国工程师学会联合会创办的工程技术领域的综合性文献检索工具，是工程技术界认可的非常重要的检索工具。其收录了近2000万条数据，涉及76个国家、190多个工程学科、3600余种期刊、80多个图书连续出版物、8万余个会议录及8万余篇学位论文，还有上百种贸易杂志等。本报告对EI数据库中海洋领域相关论文进行了统计分析，以了解全球和中国在海洋领域的研究发展态势。2001～2016年，全球海洋学领域相关文献共275 611条，中国相关文献共55 876条。如图1-22所示，2001～2012年，我国海洋领域EI论文数量及其占全球比重稳定上升。近15年来中国发文数量增长速度远远超过全球增长速度。2012年中国海洋领域EI论文数量是2001年的32倍，其占全球比重从2001年的4.74%上升到2016年的25%以上。

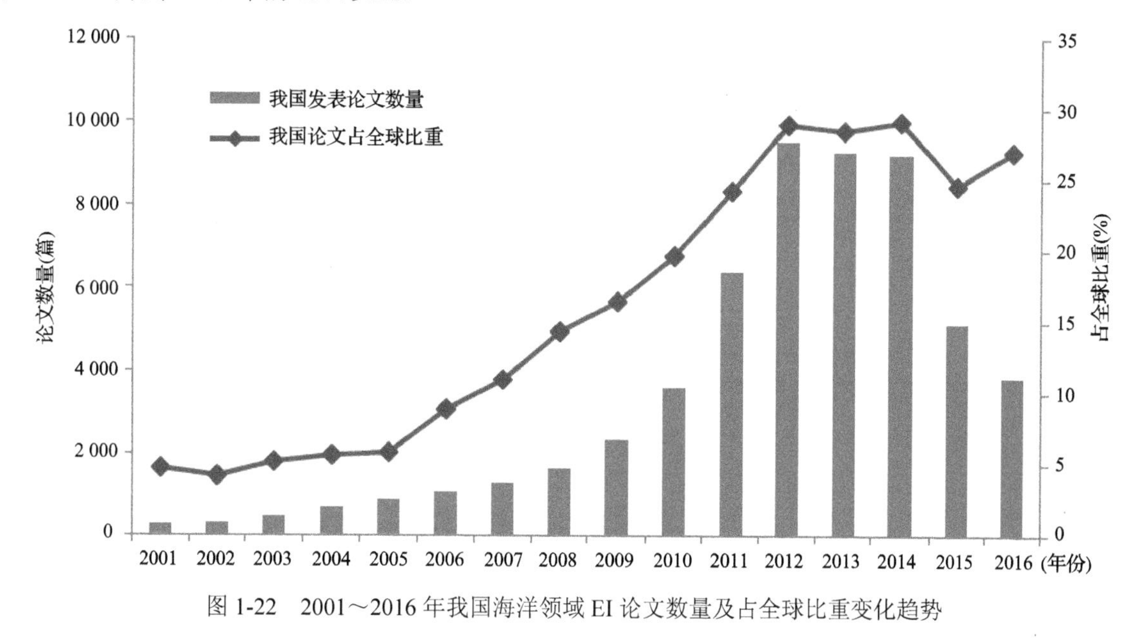

图1-22　2001～2016年我国海洋领域EI论文数量及占全球比重变化趋势

我国海洋领域论文的学科分布与国际相似，但我国舰艇领域的论文所占比重更大，与化学相关的学科(如一般化工产品、有机化合物等)分布也较多，如图1-23所示。

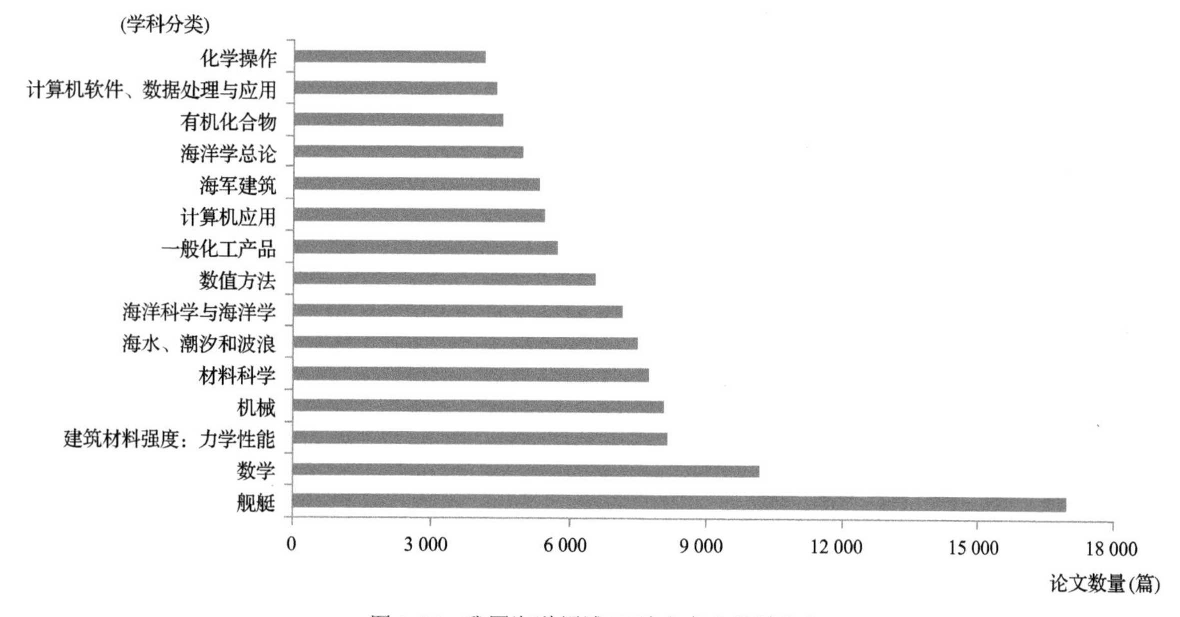

图1-23　我国海洋领域EI论文产出学科分布

中国发表海洋领域 EI 论文最多的 15 个机构如图 1-24 所示。中国涉海研究机构众多，中国科学院在海洋领域的科技论文数占全国的比重为 8.32%。

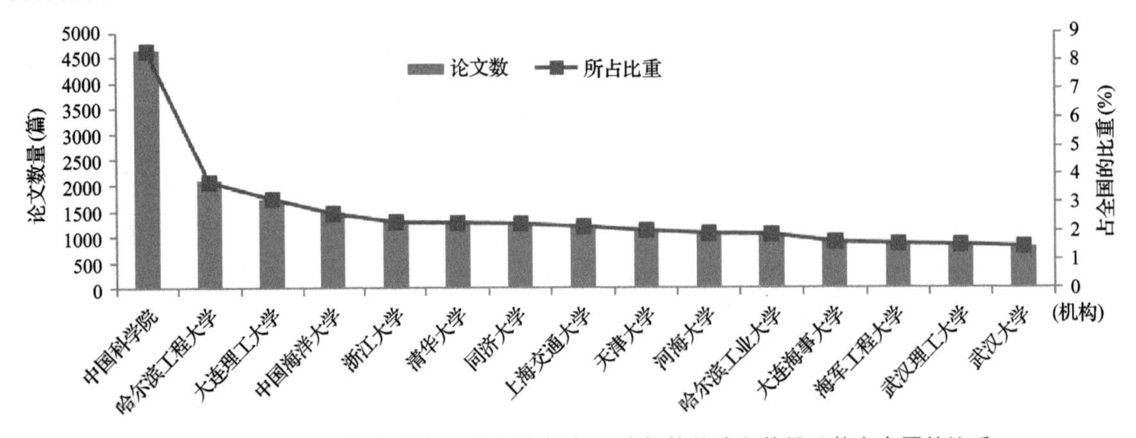

图 1-24　中国发表海洋领域 EI 论文最多的 15 个机构的论文数量及其占全国的比重

五、海洋领域专利申请量涨势强劲

2001～2016 年，我国海洋领域专利申请数量逐年增长，年均增长率为 23.90%，自 2006 年以来显著增长，2012～2016 年专利年申请数量维持在 4000 件以上，如图 1-25 和图 1-26 所示。2006 年中国海洋专利迎来了飞速发展期，2010～2016 年每年增长 700 件以上。由于专利数据存在滞后性，近 3 年数据仅供参考，但仍可看出目前我国海洋领域技术处于高速发展期。

我国海洋领域专利类型中，发明专利占 62%(图 1-27)，说明目前我国海洋专利技术研发居多，创新潜力较大。

我国海洋领域专利申请机构的前 15 位(图 1-28)中，企业有 4 个，均是海洋石油领域企业；高校有 7 所，主要分布在山东、浙江和上海；科研院所有 4 个，主要是中国科学院及中国水产科学研究院的相关海洋研究机构。

我国海洋领域前 15 位专利申请机构的专利类型(图 1-29)中，以发明专利为主，占比约为 70%，且高校和科研院所的发明专利明显高于企业；外观设计专利仅有 2 件，中国海洋石油总公司和哈尔滨工程大学各 1 件。

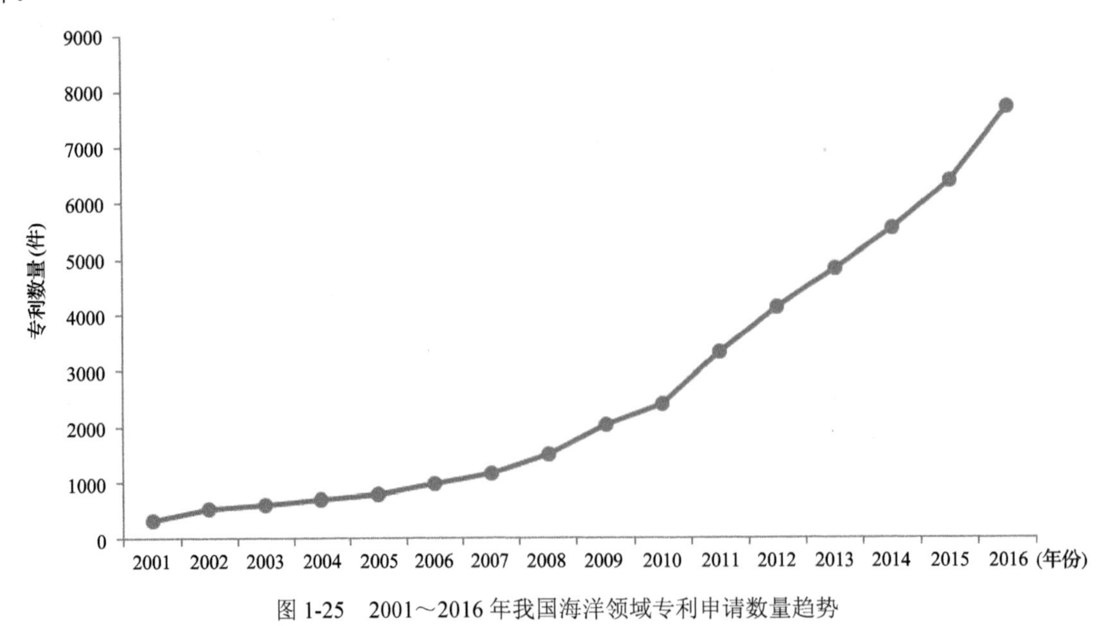

图 1-25　2001～2016 年我国海洋领域专利申请数量趋势

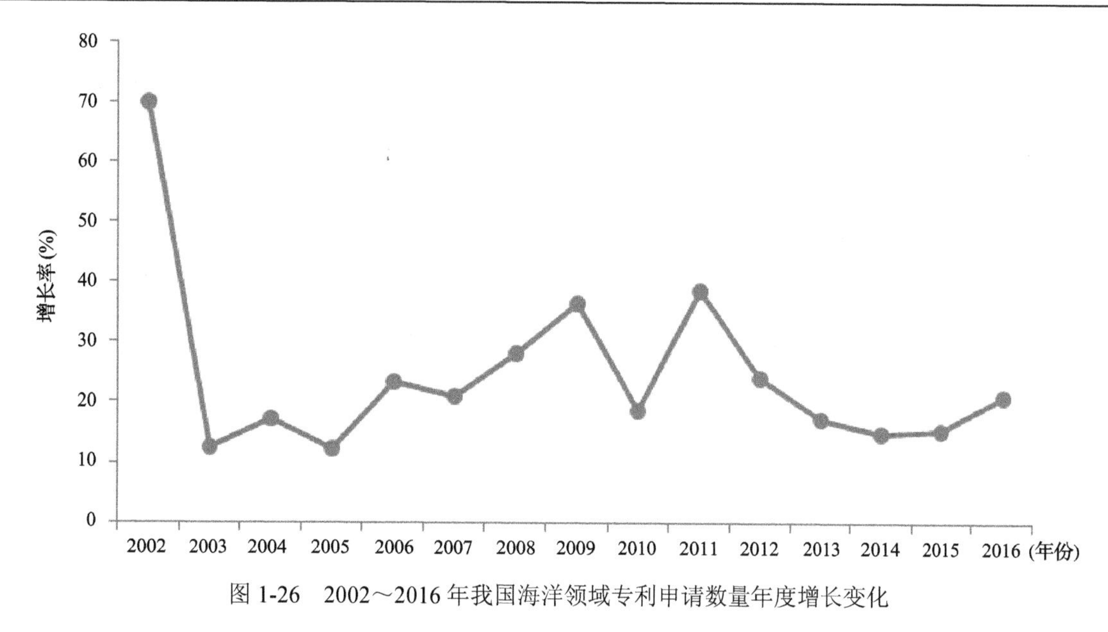

图 1-26　2002～2016 年我国海洋领域专利申请数量年度增长变化

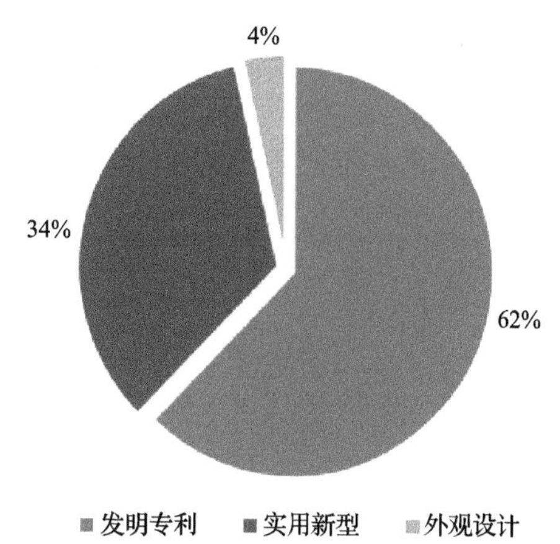

图 1-27　2001～2016 年我国海洋领域专利类型比例

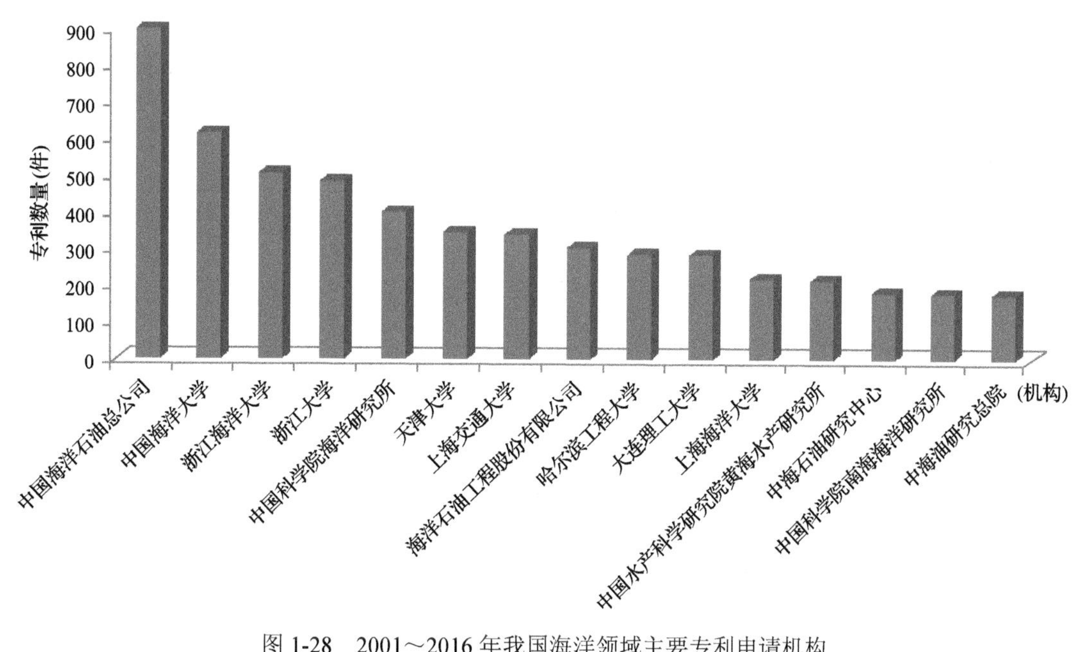

图 1-28　2001～2016 年我国海洋领域主要专利申请机构

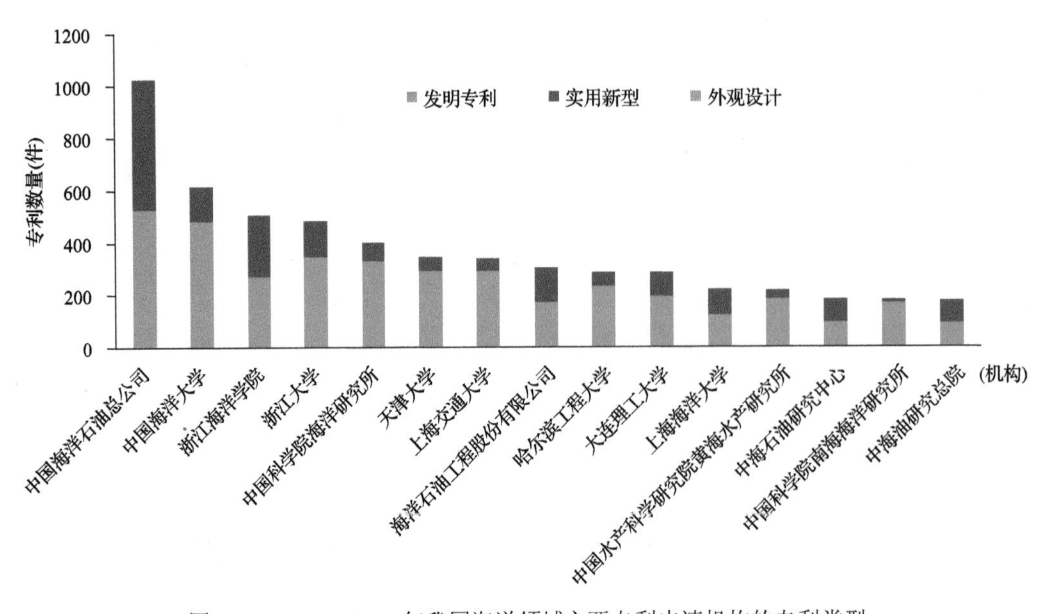

图 1-29　2001～2015 年我国海洋领域主要专利申请机构的专利类型

图例中"外观设计"由于数据过小，图中显示不明显

2001～2016 年，我国海洋领域专利主要申请省(直辖市)中，山东省因其较多的涉海科研机构与大学占据首位，江苏、浙江分别位列第二、第三位，北京市位列第四位。其他省(直辖市)中，福建省专利申请数量相对较少(图 1-30)。

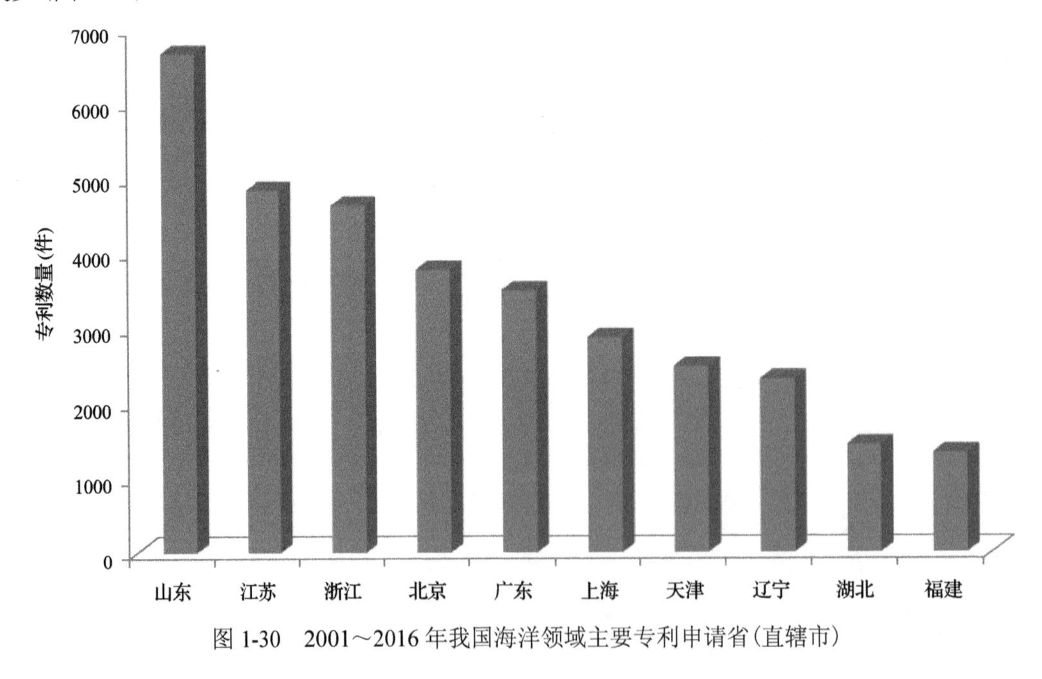

图 1-30　2001～2016 年我国海洋领域主要专利申请省(直辖市)

从主要申请城市来看，青岛专利数量最多，大连、杭州、广州专利数量相当，武汉和南京作为非沿海城市表现突出，如图 1-31 所示。

2001～2016 年我国海洋领域专利出现频次较高的 15 类专利依次为：C02F(污水、污泥污染处理)、A01K(畜牧业；禽类、鱼类、昆虫的管理；捕鱼；饲养或养殖其他类不包含的动物；动物的新品种)、B63B(船舶或其他水上船只；船用设备)、G01N(借助测定材料的化学或物理性质来测试或分析材料)、F03B(液力机械或液力发动机)、E02B(水利工程)、B01D(分离)、E21B(土层或岩石的钻进)、A61K(医学用配置品)、E02D(基础；挖方；填方；地下或水下结构物)、A23L(不包含在 A21D 或 A23B～A23J 小类中的食品、食料或非酒精饮料)、C12N(微生物或酶)、C09D(涂料组合物，如色漆、清漆或天然漆；填充浆料；化学涂料或油墨的去除剂；油墨；改正液；木材着色剂；用于着色或印刷的浆料或固体；原料为此的应用）、F16L（管子；管接头或管件；管子、电缆或护管的支撑；一般的绝热方法）、H01B（电缆；导体；绝缘体；导电、绝缘或介电材料的选择），如图 1-32 所示。

4000
3500
3000
2500
2000
1500
1000
500
0
专利数量(件)
青岛
北京
上海
大连
杭州
广州
武汉
南京
宁波
深圳
哈尔滨
成都
厦门
济南
沈阳

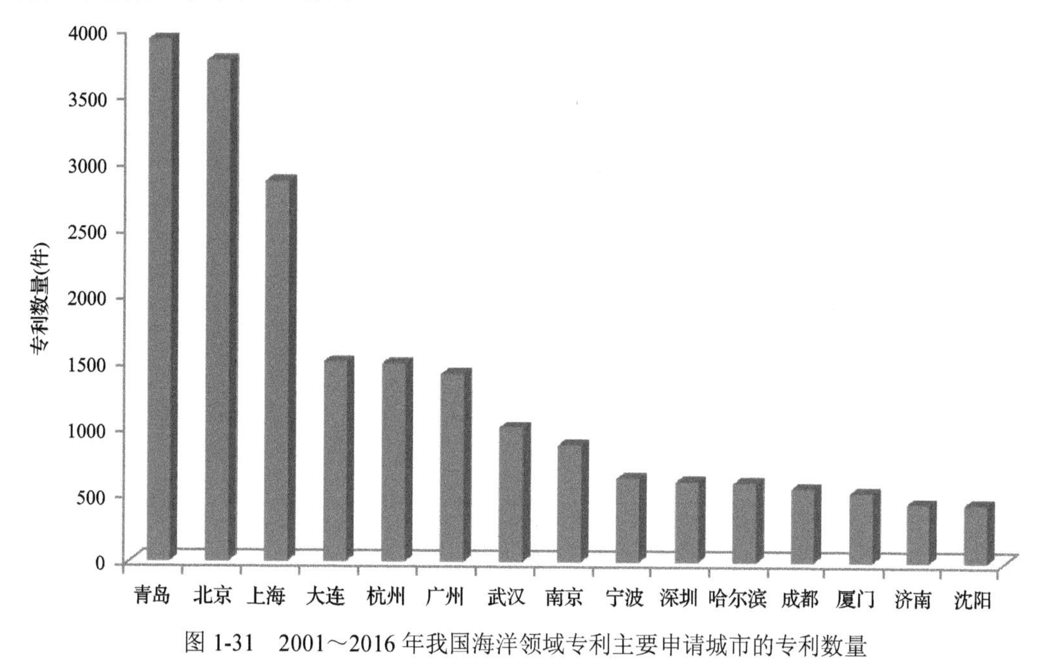

图 1-31　2001～2016 年我国海洋领域专利主要申请城市的专利数量

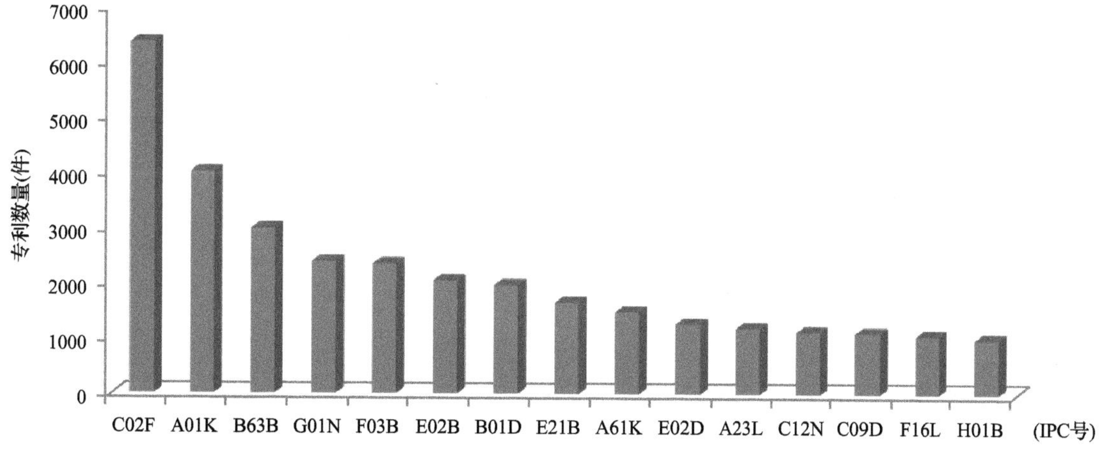

7000
6000
5000
4000
3000
2000
1000
0
专利数量(件)
C02F
A01K
B63B
G01N
F03B
E02B
B01D
E21B
A61K
E02D
A23L
C12N
C09D
F16L
H01B
(IPC号)

图 1-32　2001～2016 年我国海洋领域专利主要分类号的专利数量

第五节　高等学校海洋创新稳步提升

高等学校对国家创新发展具有举足轻重的作用。近年来，我国高等学校的海洋创新资源投入和海洋创新成果产出逐渐增加，海洋创新发展态势良好。需要说明的是，本部分数据是以涉海高等学校和涉海学科为依据提取，按照其涉海比例系数加权求和所得（涉海高等学校及其涉海比例系数和涉海学科及其涉海比例系数分别见附录九和附录十）。

一、高等学校海洋创新人力资源结构逐渐优化

高等学校教学与科研人员是指高等学校在册职工在统计年度内，从事大专以上教学、研究与发展、研究与发展成果应用及科技服务工作的人员，以及直接为上述工作服务的人员，包括统计年度内从事科研活

动累计工作时间一个月以上的外籍和高等教育系统以外的专家与访问学者。如图 1-33 所示，2009～2016 年我国涉海高等学校教学与科研人员总体呈上升趋势，从 2015 年起有所下降，但总体波动程度不大。其中，科学家与工程师、高级职称人员数量总体呈增长态势，科学家与工程师占教学与科研人员的比例略有波动；高级职称人员占教学与科研人员的比例由 37.50%上升至 43.10%。

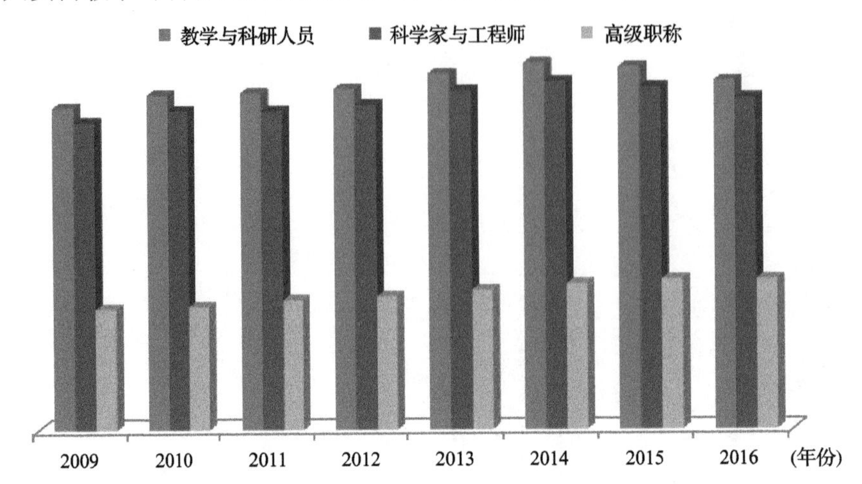

图 1-33　2009～2016 年我国涉海高等学校教学与科研人员和其中的科学家与工程师、高级职称人员数趋势

高等学校研究与发展人员是指统计年度内，从事研究与发展工作时间占本人教学、科研总时间 10%以上的教学与科研人员。2009～2016 年我国涉海高等学校研究与发展人员基本稳定(图 1-34)。其中，科学家与工程师、高级职称人员数量总体呈增长态势，科学家与工程师占研究与发展人员的比例略波动下降，由 95.99%下降到 95.47%，高级职称人员占研究与发展人员的比例略有波动。

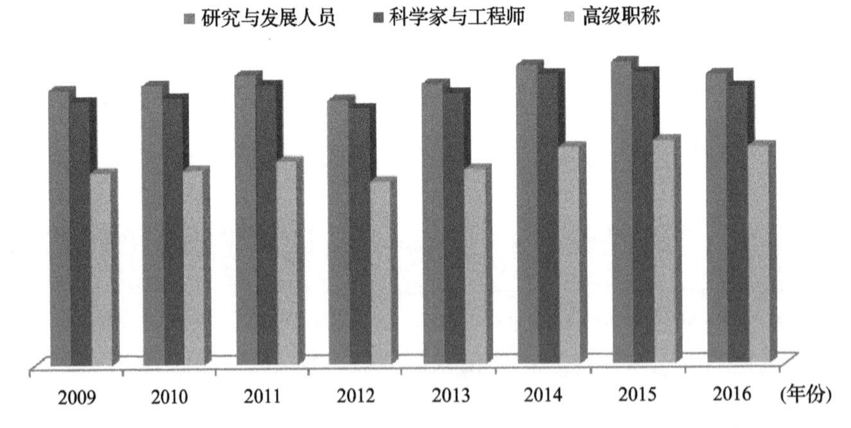

图 1-34　2009～2016 年我国涉海高等学校研究与发展人员和其中的科学家与工程师、高级职称人员数趋势

二、高等学校海洋创新投入逐渐增加

2009～2016 年，我国涉海高等学校科技经费投入总体上增加，年均增长率达到 11.38%；政府资金投入呈增长态势，年均增长率达到 12.12%；我国涉海高等学校的内部支出大幅增长(图 1-35)，2016 年内部支出是 2009 年的 66.98 倍。

2009～2016 年我国涉海高等学校科技课题总数逐渐增加，年均增长率为 5.80%；科技课题当年投入人数保持稳定(图 1-36)，年均增长率为 1.00%。2009～2016 年我国涉海高等学校科技课题当年投入经费和当年支出经费总体呈增长趋势(图 1-37)，当年投入经费年均增长率达到 10.35%，当年支出经费年均增长率达到 11.06%。

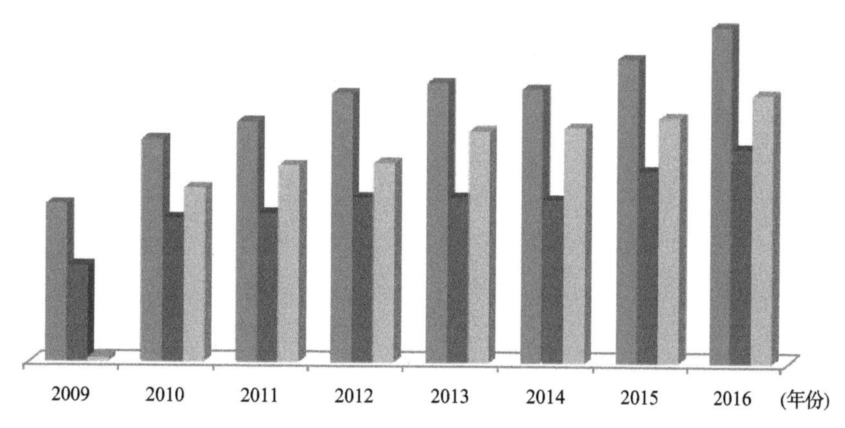

图 1-35　2009～2016 年我国涉海高等学校科技经费投入(千元)与支出(千元)趋势

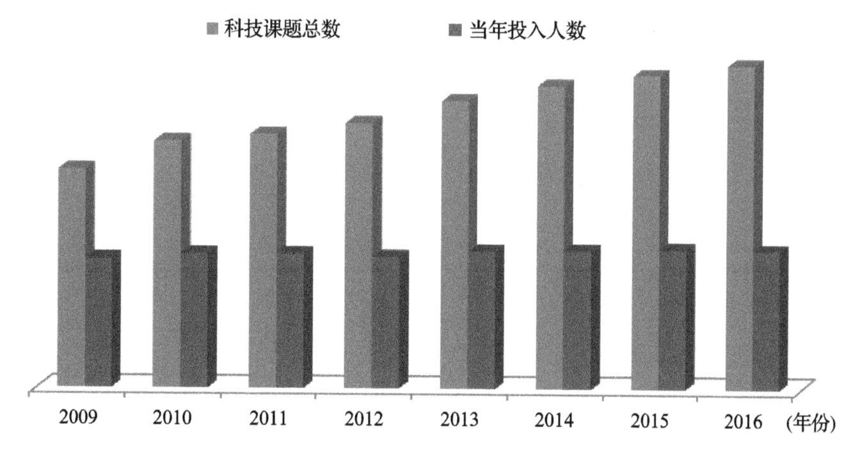

图 1-36　2009～2016 年我国涉海高等学校科技课题总数(项)和当年投入人数趋势

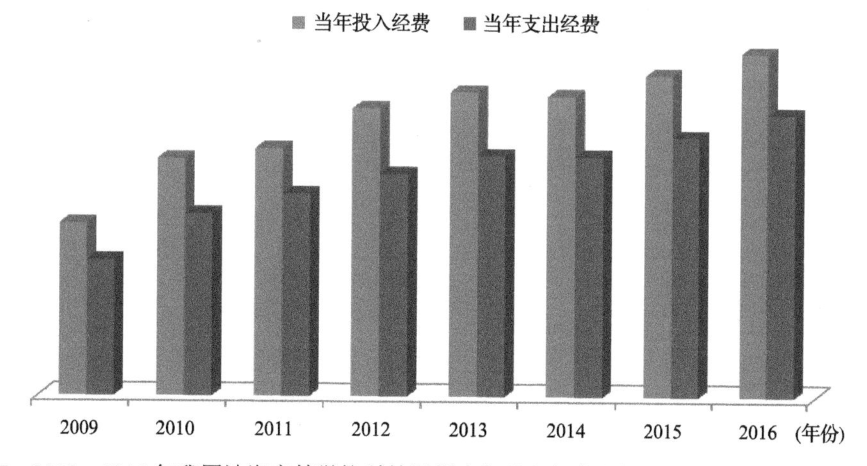

图 1-37　2009～2016 年我国涉海高等学校科技课题当年投入经费(千元)和当年支出经费(千元)趋势

三、高等学校海洋创新产出逐渐增加

2009～2016 年，我国涉海高等学校科技成果中发表的学术论文篇数总体呈增长趋势，年均增长率为 5.10%。其中，国外学术刊物发表的学术论文篇数增长更为明显，年均增长率为 13.27%(图 1-38)。技术转让签订的合同数在 2009～2010 年增长最为迅猛(图 1-39)，年增长率达到 67.60%，2010～2011 年有所下降，之后开始逐年增长，年均增长率为 15.24%。

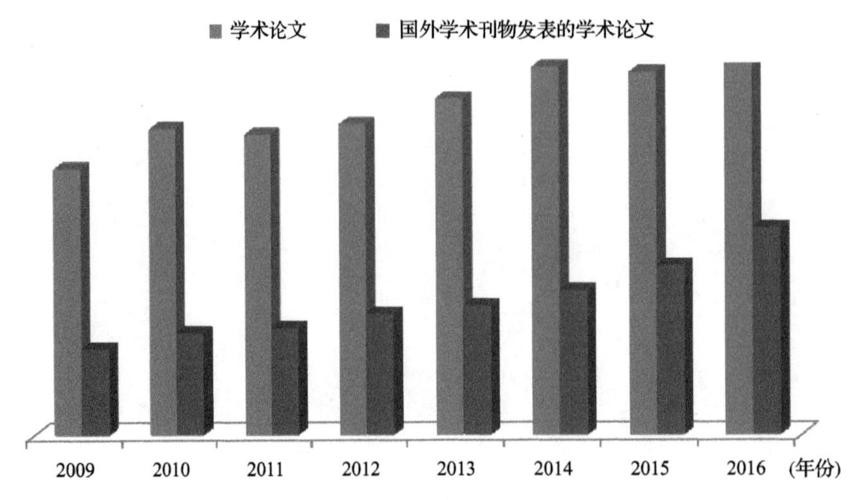

图 1-38　2009～2016 年我国涉海高等学校科技成果中发表学术论文数量(篇)趋势

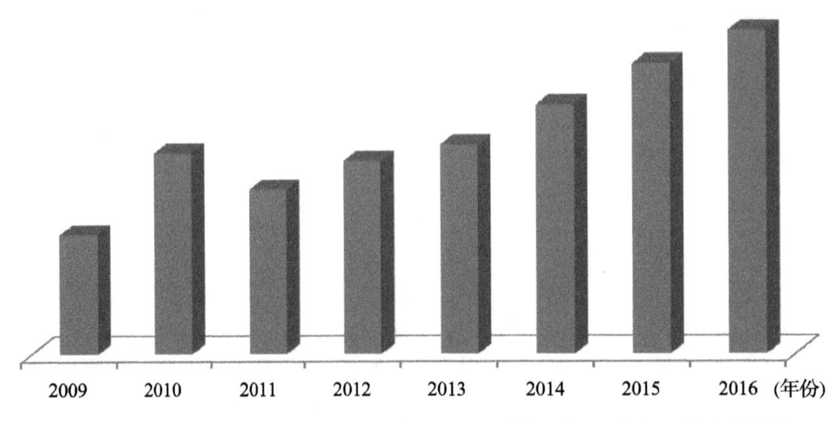

图 1-39　2009～2016 年我国涉海高等学校技术转让签订的合同数(项)趋势

四、高等学校海洋科研机构稳定发展

2012～2016 年我国高校涉海科研机构中的从业人员逐年增加(图 1-40)，其中，博士毕业和硕士毕业人员数量也呈增长态势。同时，从业人员中博士毕业和硕士毕业人员的占比总体上也呈波动上升趋势，博士毕业人员占比由 51.76%上升到 54.40%，硕士毕业人员占比由 27.56%上升到 27.86%(图 1-41)。

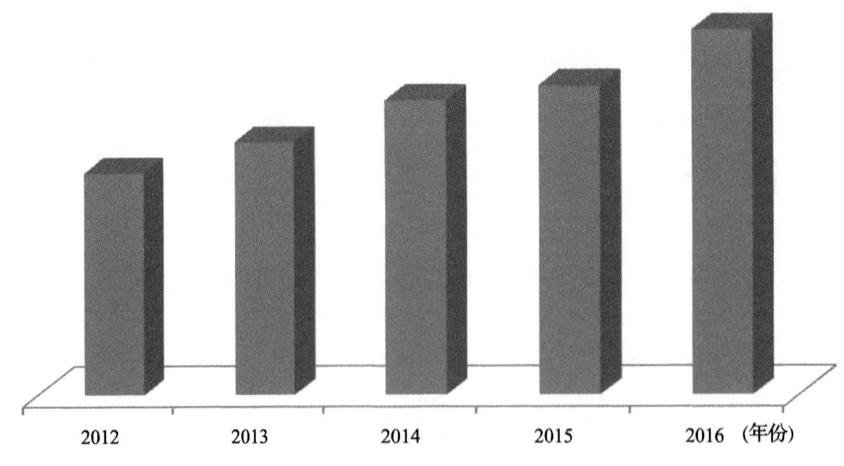

图 1-40　2012～2016 年我国高校涉海科研机构中的从业人员数趋势

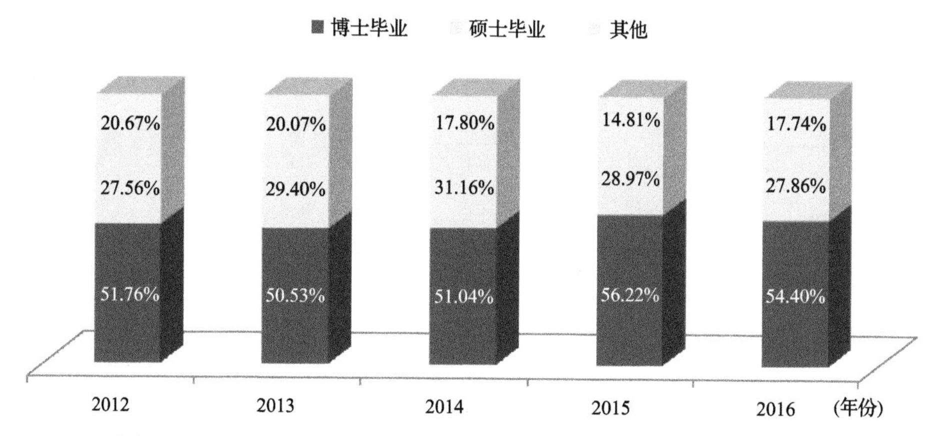

图 1-41　2012～2016 年我国高校涉海科研机构中的从业人员学历结构

2012～2016 年我国高校涉海科研机构中的科技活动人员数量总体呈增长趋势(图 1-42)。其中，高级职称人员占比由 60.00%下降至 59.01%，中级职称人员占比由 28.46%上升到 30.86%，初级职称人员占比由 7.76%下降至 6.30%(图 1-43)。

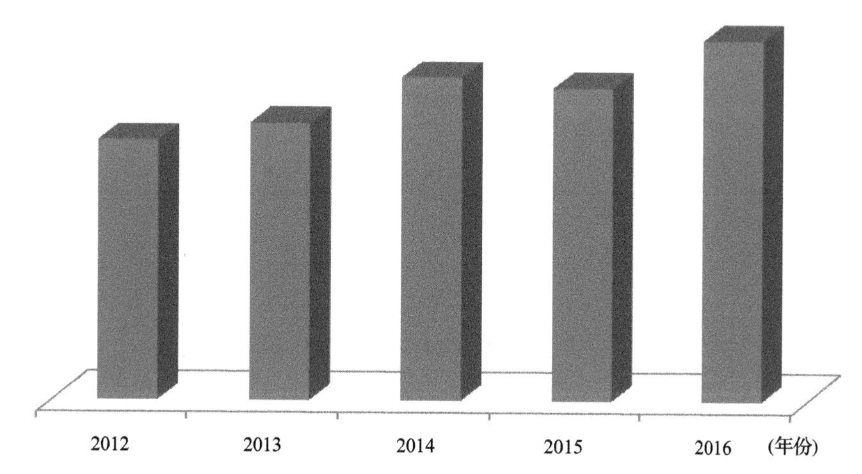

图 1-42　2012～2016 年我国高校涉海科研机构中的科技活动人员数趋势

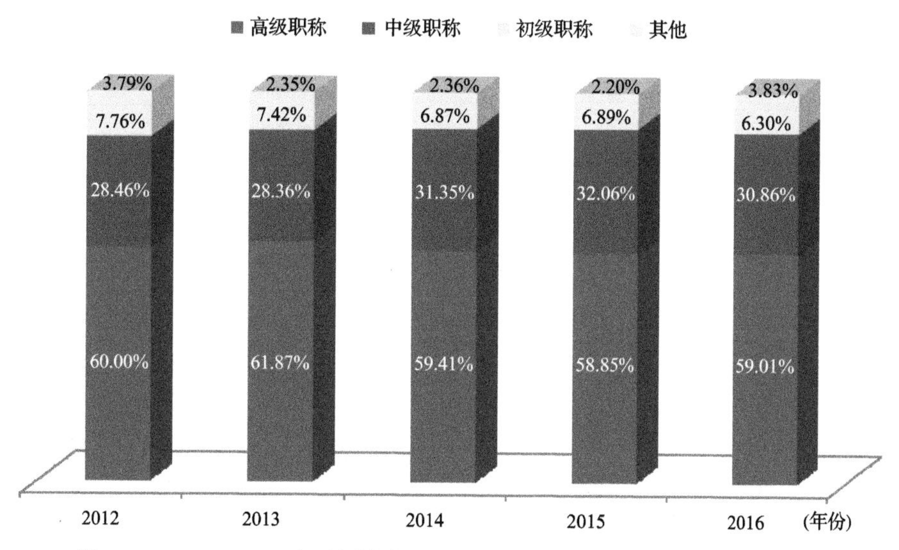

图 1-43　2012～2016 年我国高校涉海科研机构中的科技活动人员职称结构

2012～2016 年我国高校涉海科研机构的科技经费支出不断增加(图 1-44)，2016 年的当年经费内部支出比 2012 年增加 88.14%，2016 年的 R&D 经费支出比 2012 年增加 108.02%。

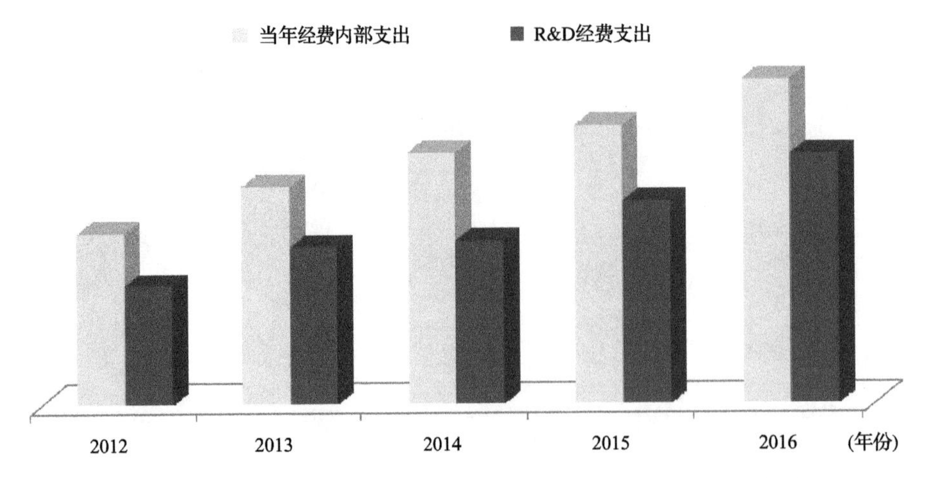

图 1-44　2012～2016 年我国高校涉海科研机构经费支出(千元)趋势

2012～2016 年我国高校涉海科研机构承担项目数量逐渐增加(图 1-45)，2016 年与 2012 年相比增加了 54.00%。

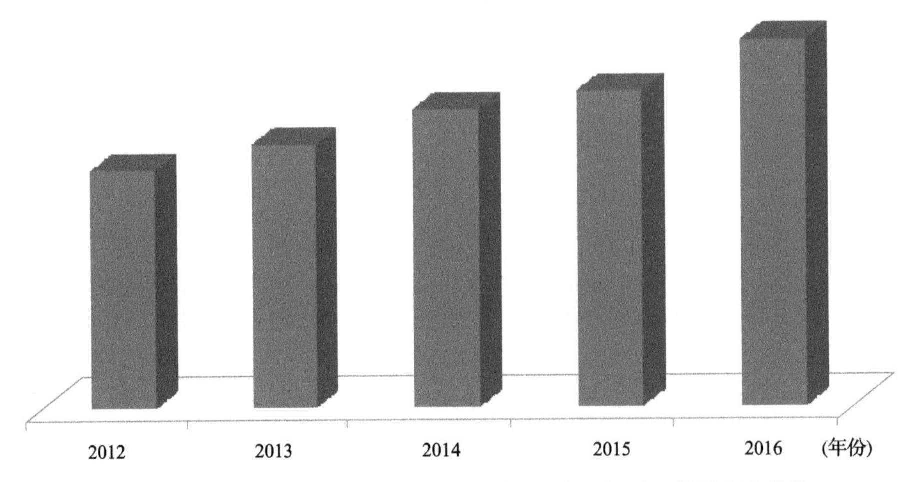

图 1-45　2012～2016 年我国高校涉海科研机构承担项目数量(项)趋势

2012～2016 年，我国高校涉海科研机构的固定资产原值保持增加趋势(图 1-46)，2016 年比 2012 年增加了 52.25%。其中，2016 年的仪器设备原值比 2012 年增加了 51.26%，2016 年的进口仪器设备原值比 2012 年增加了 70.52%。

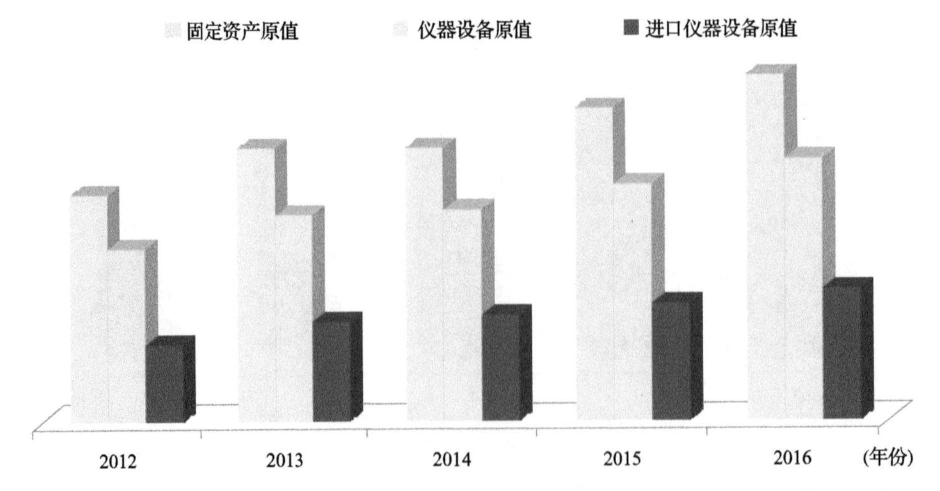

图 1-46　2012～2016 年我国高校涉海科研机构的固定资产原值(千元)和其中的仪器设备原值(千元)、进口仪器设备原值(千元)趋势

第六节　海洋科技对海洋经济发展的贡献稳步增强

近年来，海洋创新工作扎实推进，取得了阶段性成果，全面推动了海洋事业发展进程。海洋科技服务海洋经济发展的能力不断增强，科技创新促进成果转化的作用日益彰显。

海洋科技进步贡献率平稳增长。海洋科技进步贡献率是指海洋科技进步对海洋经济增长的贡献份额，它是度量海洋科技进步贡献大小的重要指标，也是衡量海洋科技竞争实力和海洋科技转化为现实生产力水平的综合性指标。《“十三五”国家科技创新规划》在发展目标中明确指出“科技创新作为经济工作的重要方面，在促进经济平衡性、包容性和可持续性发展中的作用更加突出，科技进步贡献率达到60%”。根据历年《中国海洋统计年鉴》数据，基于加权改进的索洛余值法(测算过程见附录六)，测算我国“十一五”期间(2006～2010 年)、“十二五”期间(2011～2015 年)及自“十一五”以来直至“十三五”规划开局之年(2006～2016 年)的海洋科技进步贡献率(表 1-5)。

表 1-5　我国海洋科技进步贡献率(%)

年份	产出增长率	资本增长率	劳动增长率	海洋科技进步贡献率
2006～2010	12.86	10.10	4.05	54.4
2011～2015	10.97	6.74	2.72	64.2
2006～2016	10.53	6.00	2.56	65.9

从表 1-5 可以看出，“十一五”期间我国海洋科技进步贡献率为 54.4%，2011～2015 年达到 64.2%，2006～2016 年继续提高到 65.9%。也就是说，在 2006～2016 年我国海洋生产总值的年均增长率 12.67%中，有 65.9%来自海洋科技进步的贡献，高于《全国科技兴海规划(2016—2020 年)》提出的目标，2016 年作为“十三五”规划开局之年，为“十三五”期间海洋创新发展开创了新局面。

海洋科技成果转化能力发展良好。海洋科技成果转化率是指进行自我转化或转化生产，处于投入应用或生产状态，并达到成熟应用的海洋科技成果占全部海洋科技应用成果的百分率。海洋科技成果能否迅速而有效地转化为现实生产力，是一个国家海洋事业发展和腾飞的关键。加快海洋科技成果向现实生产力转化，促进新产品、新技术的更新换代和推广应用，是海洋科技进步工作的中心环节，也是促进海洋经济发展由粗放型向集约型转变的关键所在。《全国海洋经济发展“十三五”规划》指出 2020 年海洋科技成果转化率达到 55%以上。根据科学技术部海洋科技统计和海洋科技成果登记数据，2000～2016 年海洋科技成果转化率达到 50.0%(测算过程见附录七)，海洋科技成果转化能力仍有较大提升空间。

第二章　国家海洋创新指数评价

国家海洋创新指数是一个综合指数，由海洋创新资源、海洋知识创造、海洋创新绩效和海洋创新环境4个分指数构成。考虑海洋创新活动的全面性和代表性，以及基础数据的可获取性，本报告选取20个指标(指标体系见附录一)，反映海洋创新的质量、效率和能力。

国家海洋创新指数显著上升，海洋创新能力大幅提高。设定2002年我国的国家海洋创新指数基数值为100，则2016年国家海洋创新指数为307，2002～2016年国家海洋创新指数的年均增长率为8.34%，“十二五”期间年均增长率为6.96%，保持平稳发展态势。

海洋创新资源分指数总体呈上升趋势，2002～2016年年均增长率为5.62%。其中，“研究与发展经费投入强度”与“研究与发展人力投入强度”两个指标的年均增长率分别为8.11%与9.87%，是拉动海洋创新资源分指数上升的主要力量。

海洋知识创造分指数增长强劲，年均增长率达到11.47%。“本年出版科技著作”和“万名R&D人员的发明专利授权数”两个指标增长较快，年均增长率分别达12.33%和17.58%，高于其他指标的年均增长率，是推动海洋知识创造分指数增长的主导力量。

海洋创新绩效分指数在4个分指数中增长较慢，年均增长率仅为4.48%。“海洋劳动生产率”在创新绩效分指数的6个指标中增长较为稳定，年均增长率为10.38%，对海洋创新绩效的增长起着积极的推动作用。

海洋创新环境分指数总体呈上升趋势，年均增长率为9.81%，尤其是在2005～2010年快速增长，这得益于“沿海地区人均海洋生产总值”与“海洋专业大专及以上应届毕业生人数”两个指标的迅速增长。

第一节　海洋创新指数综合评价

一、国家海洋创新指数总体上升

将2002年我国的国家海洋创新指数定为基数100，则2016年国家海洋创新指数达到307(图2-1)，2002～2016年，年均增长率为8.34%。

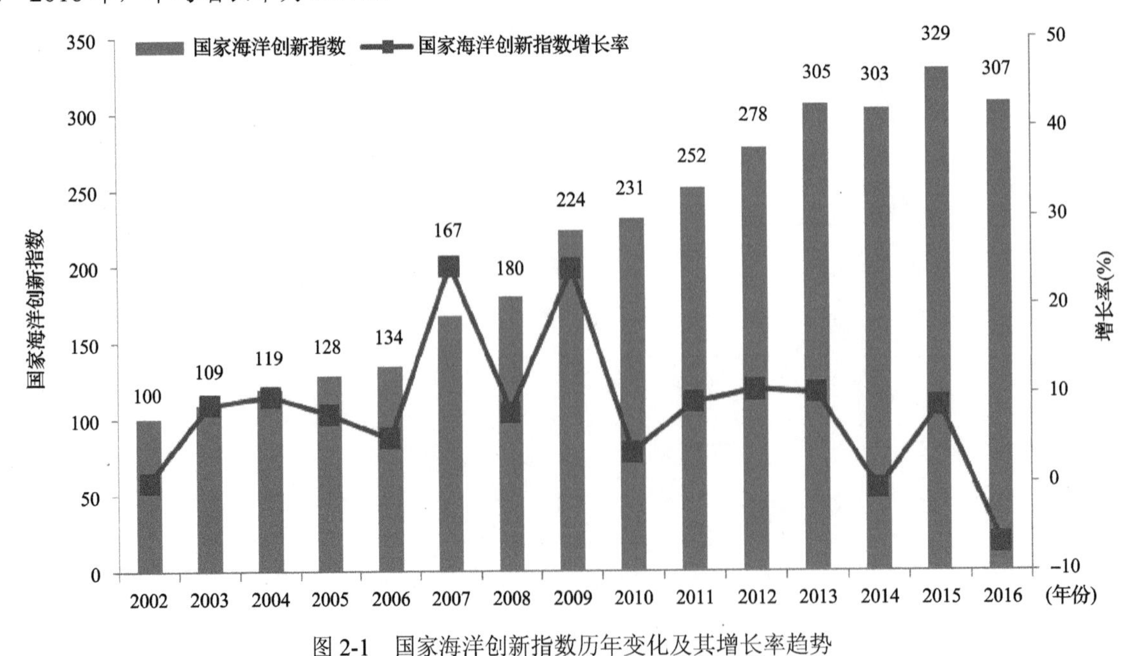

图2-1　国家海洋创新指数历年变化及其增长率趋势

2002～2016年国家海洋创新指数总体呈上升趋势，增长率出现不同程度的波动，最为突出的是2007年，年增长率达到峰值24.31%。主要原因包括：2008年国际金融危机下，我国采取了有效应对措施；我国对海洋创新投入逐渐加大；越来越多的科研机构走向海洋。以2009年为界，2002～2008年，国家海洋创新指数上升趋势较快，年均增长率为10.33%；而2009～2016年，国家海洋创新指数一直保持在200以上，增长率有所减缓，年均增长率为4.64%。

二、国家海洋创新指数与4个分指数关系密切

4个分指数对国家海洋创新指数的影响各不相同，呈现不同程度的上升态势(表2-1，图2-2)。海洋创新资源分指数与国家海洋创新指数变化趋势较为接近，海洋创新资源分指数仅在2010年出现负向波动。海洋知识创造分指数得分值明显高于国家海洋创新指数，说明海洋知识创造分指数对国家海洋创新指数增长有较大的正贡献。海洋创新绩效分指数基本呈现平稳缓慢的线性增长趋势，年增长率出现小范围波动，与国家海洋创新指数的增长率有所差异。海洋创新环境分指数，在2002～2008年与国家海洋创新指数分值和变化趋势最为接近，2009～2015年其值比国家海洋创新指数要高，但是变化趋势仍较接近。

表2-1　国家海洋创新指数和各分指数变化

年份	综合指数	分指数			
	国家海洋创新指数 A	海洋创新资源 B_1	海洋知识创造 B_2	海洋创新绩效 B_3	海洋创新环境 B_4
2002	100	100	100	100	100
2003	109	101	134	98	101
2004	119	102	169	99	106
2005	128	103	189	103	117
2006	134	104	189	111	134
2007	167	149	240	115	165
2008	180	154	267	124	177
2009	224	174	325	127	269
2010	231	172	320	136	296
2011	252	177	364	145	320
2012	278	183	442	153	333
2013	305	196	526	157	342
2014	303	201	503	164	345
2015	329	207	599	170	342
2016	307	215	457	185	371

2002～2016年，我国海洋创新资源分指数平均增长率为5.62%，除2010年出现1.17%的负增长外，其余各年均呈现正增长(表2-2)，充分体现了我国海洋创新资源投入持续增加的发展态势。

2002～2016年，海洋知识创造分指数对我国海洋创新能力大幅提升的贡献较大，年均增长率达到11.47%(图2-3)。表明我国海洋科研能力迅速增强，海洋知识创造及其转化运用为海洋创新活动提供了强有力的支撑，海洋知识创造能力的提高为增强国家原始创新能力、提高自主创新水平提供了重要支撑。

促进海洋经济发展是海洋创新活动的最终目标，海洋创新绩效是进行海洋创新能力评价不可或缺的组成部分。从近年来的变化趋势来看，我国海洋创新绩效稳步提升。2002～2016年我国海洋创新绩效分指数年均增长率达到4.48%，除2003年出现负增长外，其余各年均呈现正增长态势，增长率最高值出现在2016年，为8.44%(表2-2)。

海洋创新环境是海洋创新活动顺利开展的重要保障。我国海洋创新的总体环境极大改善，2003～2014年海洋创新环境分指数一直呈上升趋势(表2-1)，年均增长率为11.77%，但在2015年首次出现了负增长，2002～2016年年均增长率为9.81%，在4个分指数中位列第二(图2-3)。

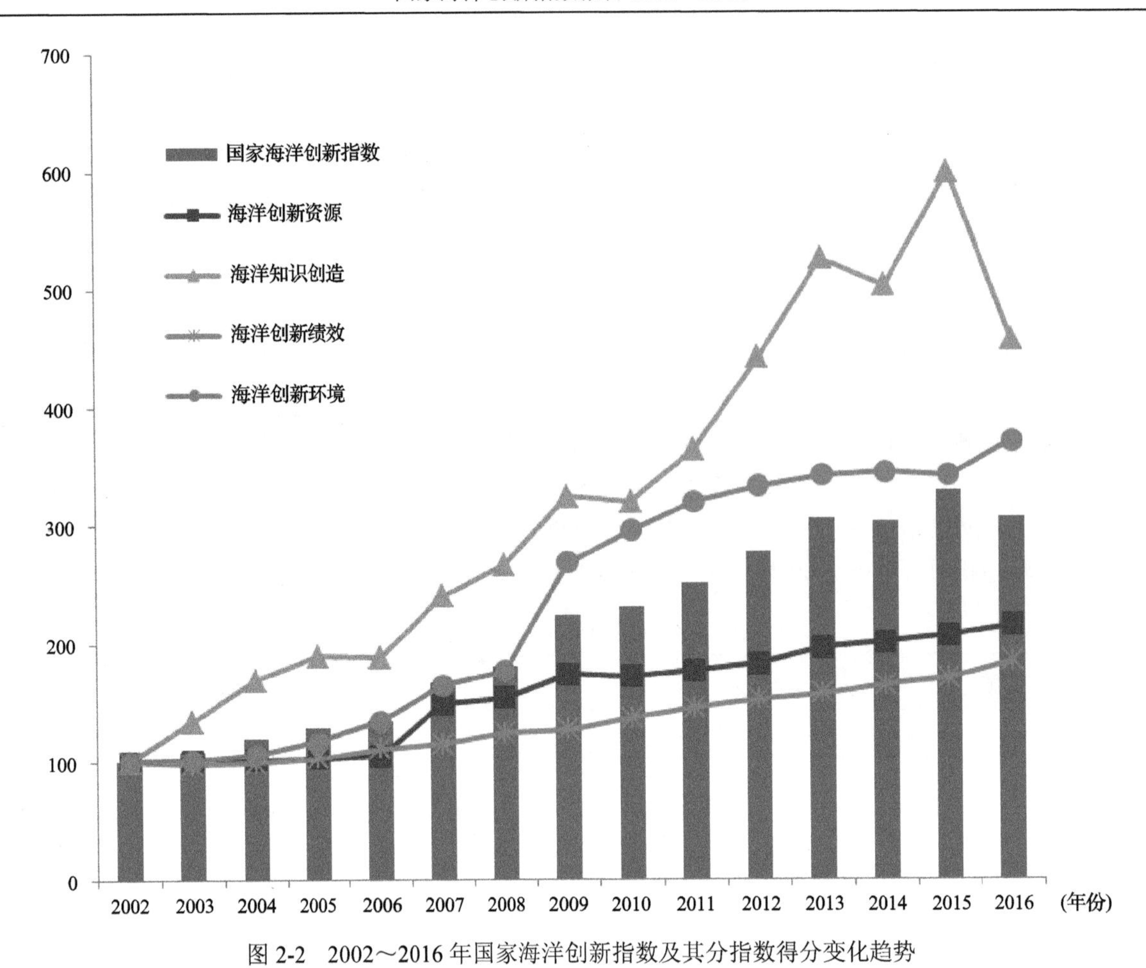

图 2-2　2002～2016 年国家海洋创新指数及其分指数得分变化趋势

表 2-2　国家海洋创新指数和分指数增长率（%）

年份	综合指数	分指数			
	国家海洋创新指数 A	海洋创新资源 B_1	海洋知识创造 B_2	海洋创新绩效 B_3	海洋创新环境 B_4
2002	—	—	—	—	—
2003	8.69	1.41	34.17	−2.27	1.43
2004	9.63	0.63	26.08	1.27	4.90
2005	7.58	0.99	11.99	4.06	10.18
2006	4.88	1.33	−0.43	7.46	14.32
2007	24.31	42.68	27.17	3.92	22.79
2008	7.92	3.32	11.28	7.80	7.27
2009	23.93	13.05	21.57	2.34	52.16
2010	3.36	−1.17	−1.33	7.45	10.04
2011	8.94	2.88	13.82	6.70	8.23
2012	10.32	3.46	21.21	4.99	4.14
2013	10.01	7.21	19.06	3.10	2.73
2014	−0.74	2.26	−4.39	4.43	0.77
2015	8.63	2.98	19.03	3.54	−0.81
2016	−6.81	4.06	−23.61	8.44	8.43
年均增长率	8.34	5.62	11.47	4.48	9.81

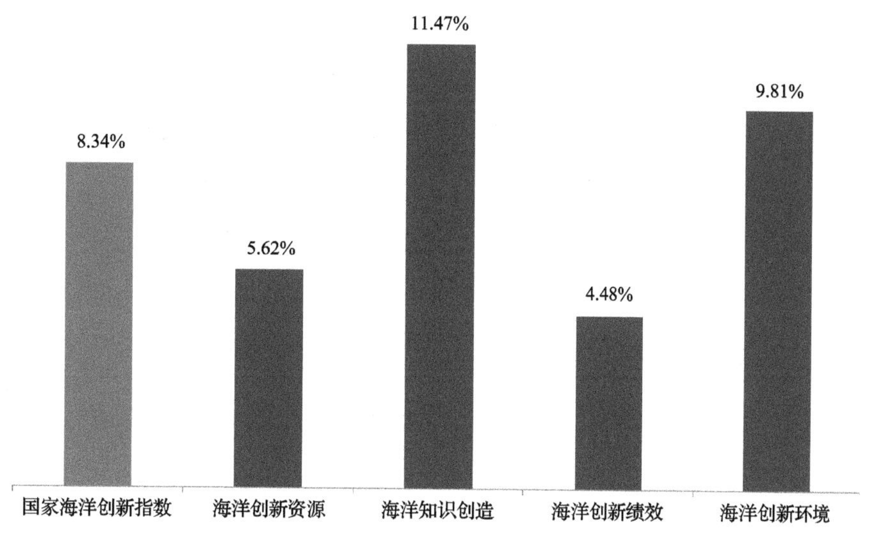

图 2-3　2002～2016 年国家海洋创新指数及分指数的年均增长率

第二节　海洋创新资源分指数评价

海洋创新资源能够反映一个国家对海洋创新活动的投入力度。创新型人才资源供给能力及创新所依赖的基础设施投入水平，是国家持续开展海洋创新活动的基本保障。海洋创新资源分指数采用如下 5 个指标：①研究与发展经费投入强度；②研究与发展人力投入强度；③科技活动人员中高级职称所占比重；④科技活动人员占海洋科研机构从业人员的比重；⑤万名科研人员承担的课题数。通过以上指标，从资金投入、人力投入等角度对我国海洋创新资源投入和配置能力进行评价。

一、海洋创新资源分指数升势趋稳

2016 年海洋创新资源分指数得分为 215（表 2-3），比 2015 年略有上升，2002～2016 年的年均增长率为 5.62%。从历年变化情况来看，2007 年和 2009 年海洋创新资源分指数的涨幅最为明显，年增长速率分别为 42.68%与 13.05%；2010 年以后，海洋创新资源分指数逐年增长。

表 2-3　海洋创新资源分指数及其指标得分

年份	分指数	指标				
	海洋创新资源 B_1	研究与发展经费投入强度 C_1	研究与发展人力投入强度 C_2	科技活动人员中高级职称所占比重 C_3	科技活动人员占海洋科研机构从业人员的比重 C_4	万名科研人员承担的课题数 C_5
2002	100	100	100	100	100	100
2003	101	106	90	98	101	112
2004	102	92	95	100	105	118
2005	103	86	90	104	106	130
2006	104	90	89	103	107	132
2007	149	186	184	106	111	158
2008	154	197	191	104	114	163
2009	174	261	235	98	115	161
2010	172	229	233	105	117	176
2011	177	247	252	100	116	169
2012	183	263	257	102	117	176
2013	196	305	300	94	119	163
2014	201	309	305	98	123	169
2015	207	331	300	108	123	171
2016	215	298	373	117	121	166

二、指标变化各有特点

从海洋创新资源的 5 个指标得分的变化趋势(图 2-4)来看，有 2 个指标后期呈快速上升趋势，2 个指标基本持平，1 个指标虽整体呈现增长态势但具有阶段性。其中，“研究与发展经费投入强度”指标波动幅度最大，其次是“研究与发展人力投入强度”指标，2002～2016 年，2 个指标均呈现增长态势，年均增长率分别为 8.11%和 9.87%，是拉动海洋创新资源分指数整体上升的主要力量。

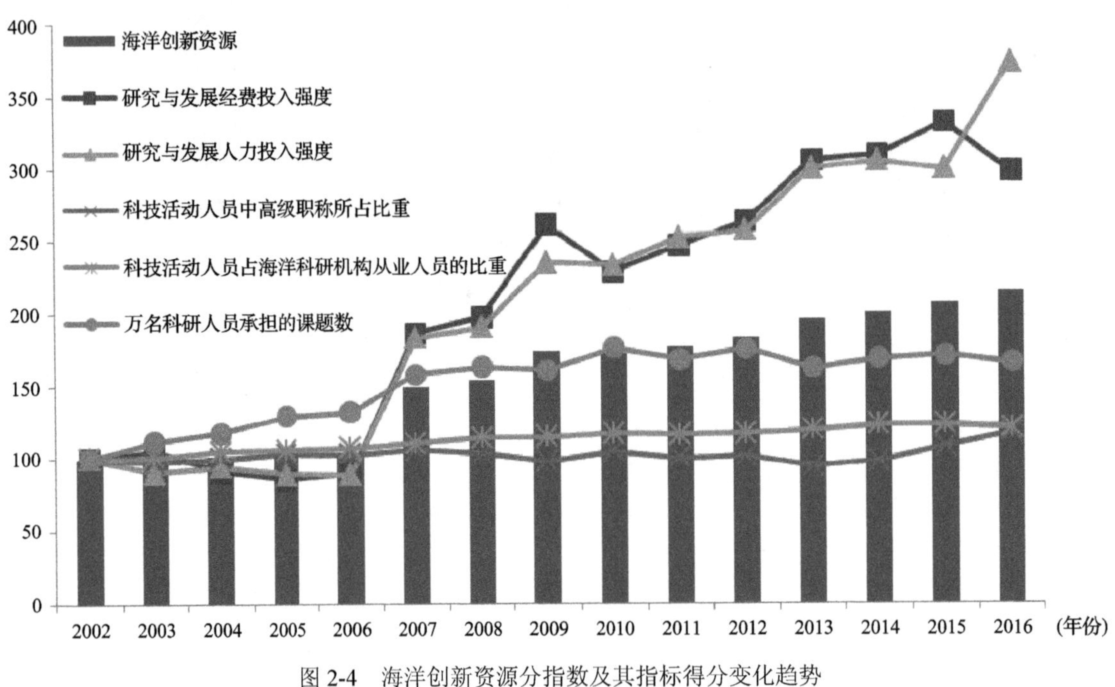

图 2-4　海洋创新资源分指数及其指标得分变化趋势

“科技活动人员中高级职称所占比重”指标反映一个国家海洋科技活动的顶尖人才力量，“科技活动人员占海洋科研机构从业人员的比重”指标能够反映一个国家海洋创新活动科研力量的强度。2002～2016 年，2 个指标增长率基本持平，年均增长率分别为 1.15%和 1.37%，趋于平稳。

“万名科研人员承担的课题数”指标能够反映海洋科研人员从事海洋创新活动的强度。其变化趋势以 2009 年为界，2002～2008 年为稳定上涨趋势，年均增长率为 8.54%；2009 年出现负增长，之后不断波动；2010 年与 2012 年得分较高，2010～2016 年，该指标年均增长率为–1.01%。

第三节　海洋知识创造分指数评价

海洋知识创造是创新活动的直接产出，能够反映一个国家海洋领域的科研产出能力和知识传播能力。海洋知识创造分指数选取如下 5 个指标：①亿美元经济产出的发明专利申请数；②万名 R&D 人员的发明专利授权数；③本年出版科技著作；④万名科研人员发表的科技论文数；⑤国外发表的论文数占总论文数的比重。以上指标综合考虑了发明专利、科技论文、科技著作等各种成果产出，来论证我国海洋知识创造的能力和水平。

一、海洋知识创造分指数波动上升

从海洋知识创造分指数及其增长率来看(表 2-4，图 2-5)，我国的海洋知识创造分指数总体呈波动上升趋势，从 2002 年的 100 增长至 2016 年的 457，年均增长率达 11.47%。从图 2-5 可看出，海洋知识创造分指数增长大致划分为两个阶段。第一个阶段是 2013 年之前，海洋知识创造呈相对缓慢的上升趋势，年均增长率为 16.02%；第二个阶段是 2013 年以后，海洋知识创造分指数不断波动且呈下降趋势，2013～2016

年的年均增长率达到–4.56%。海洋知识创造分指数在2015年得分最高，这主要得益于指标“万名R&D人员的发明专利授权数”。2016年分指数得分低于2015年，主要归因于：2015年是“十二五”的收官之年，发明专利、著作和论文等成果产出集中，相较于2014年数量大幅度上升；而2016年作为“十三五”规划开局之年，科技创新工作迎来新开端，各项指标数量相对2015年的集中爆发而有所降低，导致海洋知识创造分指数大幅下降。

表 2-4　海洋知识创造分指数及其指标得分

年份	分指数	指标				
	海洋知识创造 B_2	亿美元经济产出的发明专利申请数 C_6	万名R&D人员的发明专利授权数 C_7	本年出版科技著作 C_8	万名科研人员发表的科技论文数 C_9	国外发表的论文数占总论文数的比重 C_{10}
2002	100	100	100	100	100	100
2003	134	192	148	123	113	95
2004	169	194	290	134	122	107
2005	189	165	361	161	143	117
2006	189	134	410	110	152	138
2007	240	224	341	224	204	206
2008	267	273	419	244	200	199
2009	325	337	498	403	195	189
2010	320	319	515	340	191	235
2011	364	310	690	403	185	234
2012	442	355	924	495	196	238
2013	526	682	864	595	181	309
2014	503	577	947	492	174	324
2015	599	532	1376	589	165	331
2016	457	302	965	509	157	353

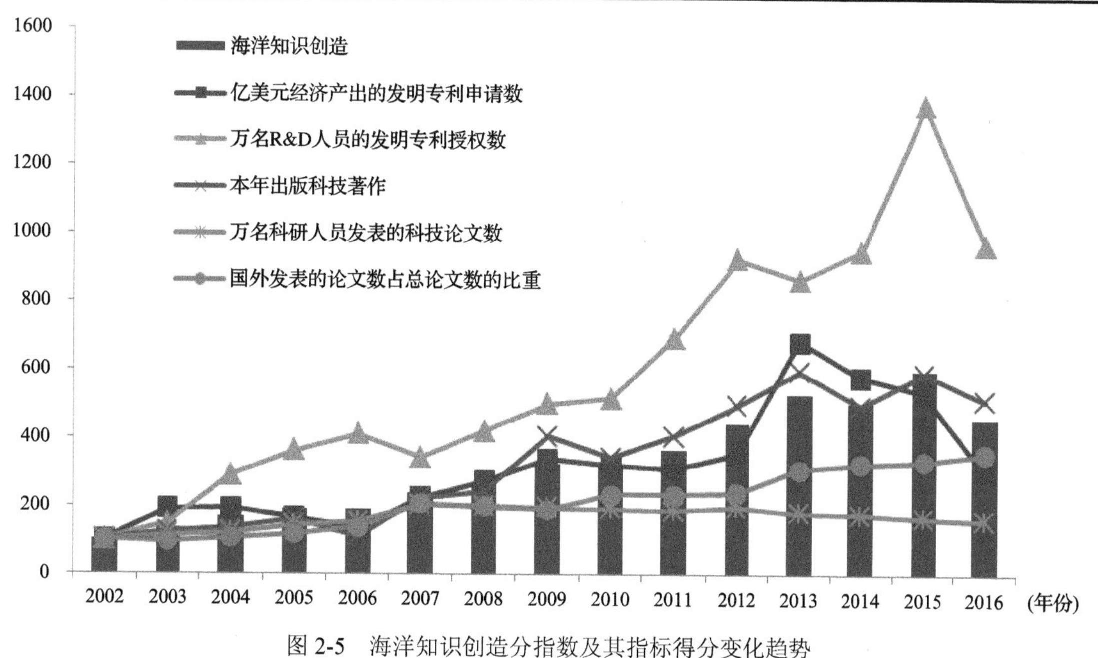

图 2-5　海洋知识创造分指数及其指标得分变化趋势

二、各指标贡献不一

从海洋知识创造5个指标的变化趋势来看(图2-5)，“亿美元经济产出的发明专利申请数”和“万名R&D

人员的发明专利授权数”两个指标波动幅度最大，“亿美元经济产出的发明专利申请数”在 2012～2013 年增长迅猛，由 355 上升到 682，年增长率为 92.19%；“万名 R&D 人员的发明专利授权数”在 2014～2015 年迅速增长，由 947 上升到 1376，年增长率为 45.23%，其他年份两个指标呈现小幅波动。总体来看，2002～2016 年，两个指标呈现波动增长趋势，年均增长率分别达 8.21%和 17.58%。“万名 R&D 人员的发明专利授权数”远高于其他指标值，成为推动海洋知识创造上升的主导力量。

2002～2016 年，“本年出版科技著作”指标呈现平稳增长态势，年均增长率为 12.33%。其中，2002～2005 年，该指标以 17.27%的年均增长率缓慢增长，2006 年略微下降；2006～2007 年与 2008～2009 年是该指标的快速上升阶段，也是其增长最快的两个阶段，年增长率分别为 104.41%与 65.56%；2010 年以后，“本年出版科技著作”指标得分波动上升，2013 年达到峰值 595，2014 年略有下降，2016 年得分为 509。

“万名科研人员发表的科技论文数”即平均每万名科研人员发表的科技论文数，反映科学研究的产出效率。“国外发表的论文数占总论文数的比重”是指一国发表的科技论文中国外发表论文的比重，反映了科技论文的对外普及程度。2002～2016 年，两个指标得分增长相对缓慢，年均增长率分别为 3.28%和 9.43%。

第四节　海洋创新绩效分指数评价

海洋创新绩效能够反映一个国家开展海洋创新活动所产生的效果和影响。海洋创新绩效分指数选取如下 6 个指标：①海洋科技成果转化率；②海洋科技进步贡献率；③海洋劳动生产率；④科研教育管理服务业占海洋生产总值的比重；⑤单位能耗的海洋经济产出；⑥海洋生产总值占国内生产总值的比重。通过以上指标，来反映我国海洋创新活动所带来的效果和影响。

一、海洋创新绩效分指数有序上升

表 2-5 是海洋创新绩效分指数及其指标的历年得分。从分指数得分情况看，我国的海洋创新绩效分指数从 2002 年的 100 增长至 2016 年的 185，呈现平稳的增长态势，年均增长率为 4.48%，在 5 个分指数中增长最为缓慢。

表 2-5　海洋创新绩效分指数及其指标得分

年份	分指数	指标					
	海洋创新绩效 B_3	海洋科技成果转化率 C_{11}	海洋科技进步贡献率 C_{12}	海洋劳动生产率 C_{13}	科研教育管理服务业占海洋生产总值的比重 C_{14}	单位能耗的海洋经济产出 C_{15}	海洋生产总值占国内生产总值的比重 C_{16}
2002	100	100	100	100	100	100	100
2003	98	108	86	99	108	92	94
2004	99	115	64	113	106	97	98
2005	103	120	59	128	103	106	102
2006	111	125	69	147	98	118	107
2007	115	129	68	164	97	129	103
2008	124	132	82	186	98	144	101
2009	127	135	77	199	100	149	101
2010	136	138	73	238	91	172	105
2011	145	141	86	268	90	185	103
2012	153	143	92	291	91	196	103
2013	157	145	88	312	92	205	102
2014	164	148	92	345	98	202	102
2015	170	149	93	364	102	213	101
2016	185	137	111	399	105	249	108

二、指标变化趋势稳定

“海洋科技成果转化率”是衡量海洋科技转化为现实生产力水平的重要指标。2002～2016 年我国海洋科技成果转化率呈现上升趋势，年均增长率为 2.31%。总体来看，2010 年以前我国海洋科技成果转化率缓慢增长，2010 年以后趋于稳定(图 2-6)。

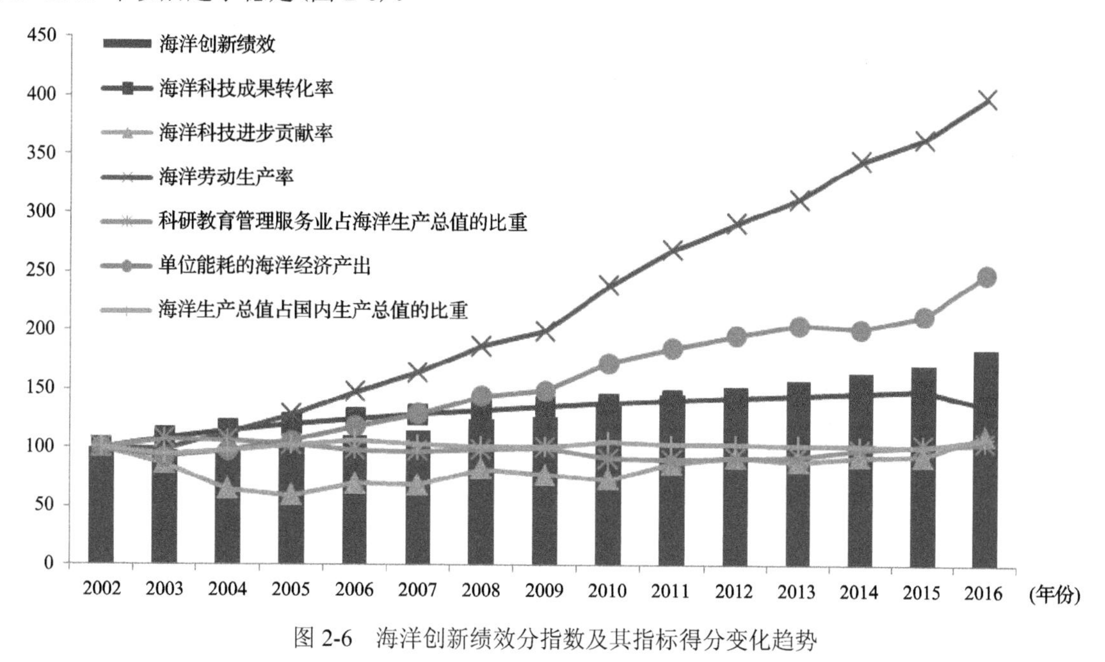

图 2-6　海洋创新绩效分指数及其指标得分变化趋势

2002～2016 年“海洋科技进步贡献率”指标总体波动范围不大，稳中有升。

“海洋劳动生产率”是指海洋科技人员的人均海洋生产总值，反映海洋创新活动对海洋经济产出的作用。2002～2016 年，“海洋劳动生产率”指标迅速增长，年均增长率为 10.38%，是创新绩效分指数 6 个指标中增长最快最稳定的指标(图 2-6)。

“科研教育管理服务业占海洋生产总值的比重”能够反映海洋科研、教育、管理及服务等活动对海洋经济的贡献程度，该指标 2002～2016 年年均增长率为 0.32%，表明海洋科研、教育和管理服务等活动对海洋经济的贡献程度呈现相对上升趋势。

“单位能耗的海洋经济产出”采用万吨标准煤能源消耗的海洋生产总值，测度海洋创新对减少资源消耗的效果，也反映一个国家海洋经济增长的集约化水平。2002～2016 年，“单位能耗的海洋经济产出”指标增长迅速，年均增长率为 6.72%，呈现稳定的增长态势。

“海洋生产总值占国内生产总值的比重”反映海洋经济对国民经济的贡献，用来测度海洋创新对海洋经济的推动作用。该指标变化不明显，2016 年其得分仅比 2002 年增长 8 分，增长速度缓慢，2002～2016 年的年均增长率为 0.56%。

第五节　海洋创新环境分指数评价

海洋创新环境包括创新过程中的硬环境和软环境，是提升我国海洋创新能力的重要基础和保障。海洋创新环境分指数反映一个国家海洋创新活动所依赖的外部环境，主要是制度创新和环境创新。海洋创新环境分指数选取如下 4 个指标：①沿海地区人均海洋生产总值；②R&D 经费中设备购置费所占比重；③海洋科研机构科技经费筹集额中政府资金所占比重；④海洋专业大专及以上应届毕业生人数。

一、海洋创新环境明显改善

2002～2016 年，海洋创新环境分指数总体上呈现稳步增长态势(表 2-6，图 2-7)，由 2002 年的 100 上升至 2016 年的 371，年均增长率达到 9.81%，其中 2009 年增长率为 52.16%，达到峰值，这主要得益于指标“海洋专业大专及以上应届毕业生人数”的迅速增长，2009 年全国“海洋专业大专及以上应届毕业生人数”指标得分是 2008 年的 2.07 倍，指标得分由 2008 年的 278 增长至 2009 年的 576。2009 年以来我国海洋教育发展迅猛，对海洋创新环境的改善有重要的推动作用。

表 2-6　海洋创新环境分指数及其指标历年得分

年份	分指数	指标			
	海洋创新环境 B_4	沿海地区人均海洋生产总值 C_{17}	R&D 经费中设备购置费所占比重 C_{18}	海洋科研机构科技经费筹集额中政府资金所占比重 C_{19}	海洋专业大专及以上应届毕业生人数 C_{20}
2002	100	100	100	100	100
2003	101	105	97	62	142
2004	106	128	108	36	154
2005	117	153	108	35	172
2006	134	183	113	34	206
2007	165	217	163	38	240
2008	177	248	141	38	278
2009	269	267	195	36	576
2010	296	323	138	36	686
2011	320	369	112	35	764
2012	333	417	115	37	763
2013	342	450	101	37	781
2014	345	499	104	38	738
2015	342	529	105	38	696
2016	371	544	110	62	767

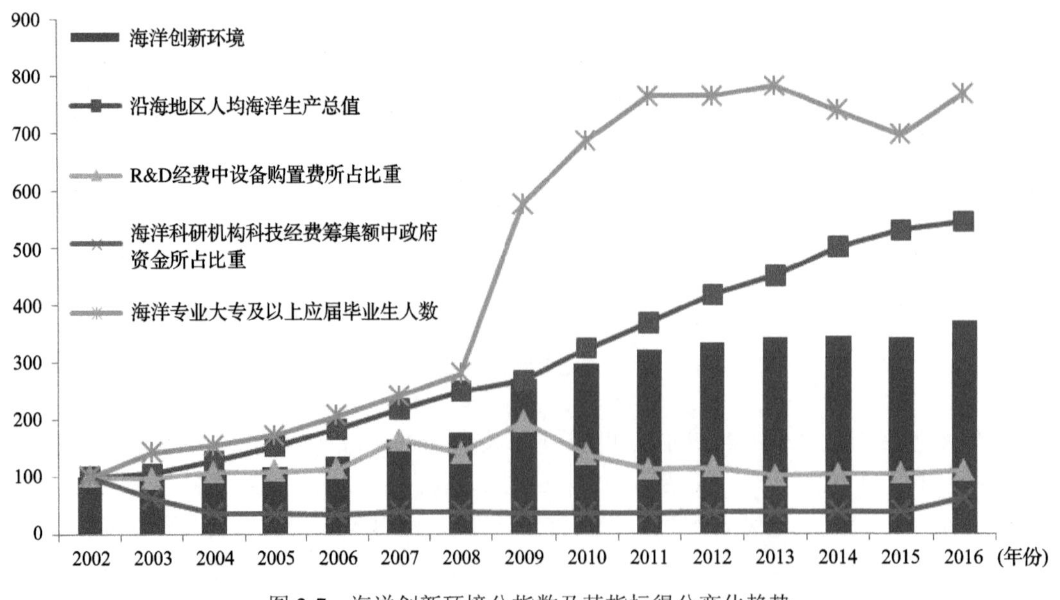

图 2-7　海洋创新环境分指数及其指标得分变化趋势

二、优势指标与劣势指标并存

海洋创新环境分指数的指标中，一直保持上升趋势的指标是“沿海地区人均海洋生产总值”，年均增长率为 12.86%，该指标与海洋创新环境分指数的得分和变化趋势最为接近。从“海洋专业大专及以上应届毕业生人数”来看，2016 年此项指标得分是 2002 年的 7.67 倍，年均增长率达 15.67%，在 4 个指标中增长最快。

相对劣势指标为“R&D 经费中设备购置费所占比重”和“海洋科研机构科技经费筹集额中政府资金所占比重”。“R&D 经费中设备购置费所占比重”得分有一定的波动，总体呈下滑趋势，最高值出现在 2009 年，之后逐渐下降，由 2009 年的 195 下降至 2016 年的 110。“海洋科研机构科技经费筹集额中政府资金所占比重”得分整体呈现下滑趋势，得分由 2002 年的 100 降至 2016 年的 62。

第三章　区域海洋创新指数评价

区域海洋创新是国家海洋创新的重要组成部分，深刻影响着国家海洋创新的格局。本章分析区域海洋创新的发展现状和特点，为我国海洋创新格局的优化提供科技支撑和决策依据。

《推动共建丝绸之路经济带和21世纪海上丝绸之路的愿景与行动》中提出要“利用长三角、珠三角、海峡西岸、环渤海等经济区开放程度高、经济实力强、辐射带动作用大的优势”。从“一带一路”发展思路和我国沿海区域发展角度分析，我国沿海地区应积极优化海洋经济总体布局，实行优势互补、联合开发，充分发挥环渤海经济区、长江三角洲经济区、海峡西岸经济区、珠江三角洲经济区和环北部湾经济区五大经济区[①,②](海洋经济区的界定见附录八)的引领作用，推进形成我国北部、东部和南部三大海洋经济圈[③](海洋经济圈的界定见附录八)。

从我国沿海省(直辖市、自治区)的区域海洋创新指数(区域海洋创新指数评价方法和指标体系说明见附录四)来看，2016年，我国11个沿海省(直辖市、自治区)可分为四个梯次，第一梯次为上海、广东；第二梯次为山东、天津；第三梯次为江苏、福建和辽宁；第四梯次为浙江、河北、海南和广西。

从五大经济区的区域海洋创新指数来看，2016年，区域海洋创新能力较强的地区为珠江三角洲经济区、长江三角洲经济区及环渤海经济区，这些地区均有区域创新中心，而且呈现多中心的发展格局。

从三大海洋经济圈的区域海洋创新指数来看，2016年，我国海洋经济圈呈现北部和东部较强而南部较弱的特点。北部海洋经济圈和东部海洋经济圈的区域海洋创新指数较高，表现出很强的原始创新能力，充分显示出我国重要海洋人才聚集地和海洋经济产业重点发展区域的优势。

第一节　从沿海省(直辖市、自治区)看我国区域海洋创新发展

一、区域海洋创新梯次分明

根据2016年区域海洋创新指数得分(表3-1，图3-1)，可将我国11个沿海省(直辖市、自治区)划分为4个梯次。

表3-1　2016年沿海省(直辖市、自治区)区域海洋创新指数与分指数得分

沿海省(直辖市、自治区)	综合指数	分指数			
	区域海洋创新指数 a	海洋创新资源 b_1	海洋知识创造 b_2	海洋创新绩效 b_3	海洋创新环境 b_4
上海	65.06	65.69	47.49	90.91	56.14
广东	61.51	47.88	95.64	57.67	44.85
山东	56.50	45.41	56.42	52.90	71.25
天津	54.90	64.40	25.35	70.83	59.03
江苏	49.83	82.47	50.55	38.98	27.32
福建	46.69	34.02	31.42	57.95	63.37
辽宁	44.48	59.68	60.05	31.24	26.95

① 本次评价仅包括我国11个沿海省(直辖市、自治区)，不涉及香港、澳门和台湾

② 环渤海经济区中纳入评价的沿海省(直辖市)为辽宁、河北、山东、天津；长江三角洲经济区中纳入评价的沿海省(直辖市)为江苏、上海、浙江；海峡西岸经济区中纳入评价的沿海省为福建；珠江三角洲经济区中纳入评价的沿海省为广东；环北部湾经济区中纳入评价的沿海省(自治区)为广西和海南

③ 海洋经济圈分区的依据是《全国海洋经济发展“十二五”规划》。北部海洋经济圈由辽东半岛、渤海湾和山东半岛沿岸及海域组成，即纳入评价的沿海省(直辖市)包括天津、河北、辽宁和山东；东部海洋经济圈由江苏、上海、浙江沿岸及海域组成，即纳入评价的沿海省(直辖市)包括江苏、浙江和上海；南部海洋经济圈由福建、珠江口及其两翼、北部湾、海南岛沿岸及海域组成，即纳入评价的沿海省(自治区)包括福建、广东、广西和海南

续表

沿海省（直辖市、自治区）	综合指数	分指数			
	区域海洋创新指数 a	海洋创新资源 b_1	海洋知识创造 b_2	海洋创新绩效 b_3	海洋创新环境 b_4
浙江	36.33	34.28	40.83	36.69	33.53
河北	30.13	44.22	29.76	15.04	31.50
海南	22.74	8.84	2.57	57.07	22.47
广西	19.71	8.27	13.11	8.36	49.08

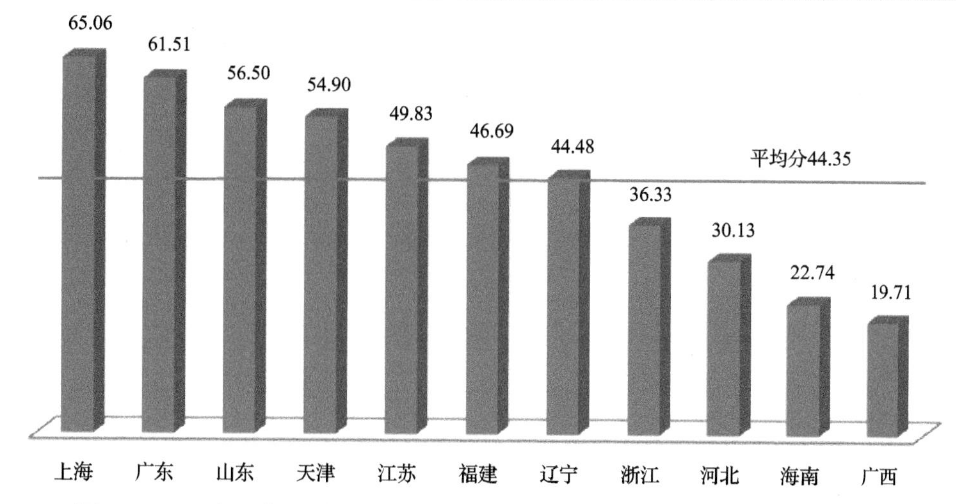

图 3-1　2016 年沿海 11 个省（直辖市、自治区）的区域海洋创新指数得分及平均分

从区域海洋创新指数来看，第一梯次为上海和广东，上海区域海洋创新指数得分为 65.06，相当于 11 个沿海省（直辖市、自治区）平均水平的 1.47 倍，位居我国 11 个沿海省（直辖市、自治区）首位，其海洋创新发展具备坚实的基础，表现出很强的原始创新能力；广东区域海洋创新指数得分为 61.51，排名由 2015 年的第三位上升至第二位，其海洋知识创造的快速发展拉动海洋创新能力的大幅提高。第二梯次包括山东和天津，其区域海洋创新指数得分分别为 56.50 和 54.90，高于 11 个沿海省（直辖市、自治区）的平均分 44.35。这两个地区有一定的海洋创新基础，长期以来积累了大量的创新资源，创新环境较好，创新绩效显著。第三梯次为江苏、福建和辽宁，其区域海洋创新指数得分分别为 49.83、46.69 和 44.48，与平均分相近。这些地区近年来海洋经济发展较快，创新资源不断增多，创新环境明显改善，知识创造与创新绩效都进步较快。第四梯次为浙江、河北、海南和广西，其区域海洋创新指数得分分别为 36.33、30.13、22.74 和 19.71，低于国家的平均水平。从横向比较来看，浙江、河北、海南和广西的海洋创新资源薄弱，知识创造效率不高，创新环境有待改善。

从海洋创新资源分指数来看，2016 年该分指数得分超过平均分的沿海省（直辖市）有江苏、上海、天津、辽宁、广东和山东（图 3-2）。其中，江苏的区域海洋创新资源分指数得分为 82.47，远高于其他地区；上海、天津和辽宁的区域海洋创新资源分指数得分分别为 65.69、64.40 和 59.68，上海对经费和人力的投入强度均位于 11 个沿海省（直辖市、自治区）首位。

从海洋知识创造分指数来看，2016 年该分指数得分超过平均分的沿海省（直辖市）为广东、辽宁、山东、江苏和上海（图 3-3）。其中，广东的区域海洋知识创造分指数得分为 95.64，远高于 41.20 的平均分，较去年增长 56.58%，这与广东高产出、高质量的海洋科技著作和论文密不可分；辽宁的区域海洋知识创造分指数得分为 60.05，这主要得益于海洋科技发明专利；山东得分为 56.42，其主要贡献来自海洋科技著作和论文；江苏的区域海洋知识创造分指数得分为 50.55，其主要贡献来自高产出、高质量的论文和专利；上海的区域海洋知识创造分指数得分为 47.49，这主要得益于海洋科技发明专利。

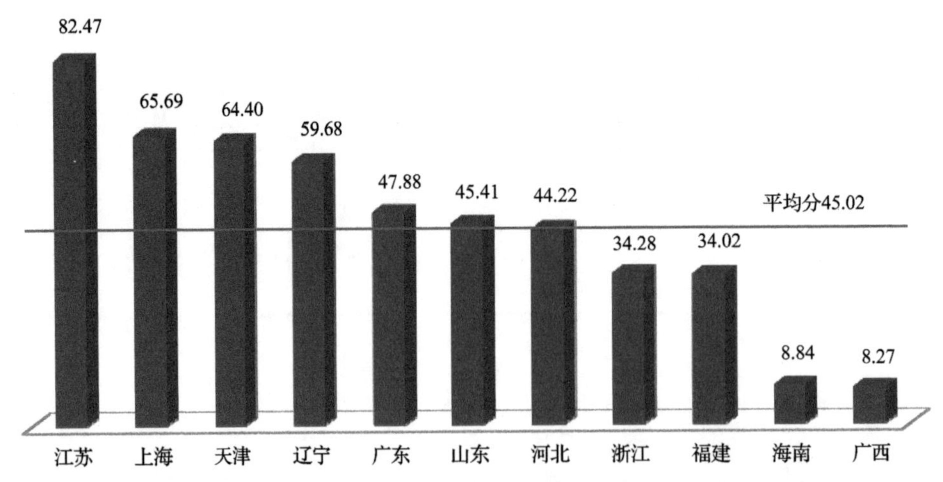

图 3-2　2016 年 11 个沿海省(直辖市、自治区)的区域海洋创新资源分指数得分及平均分

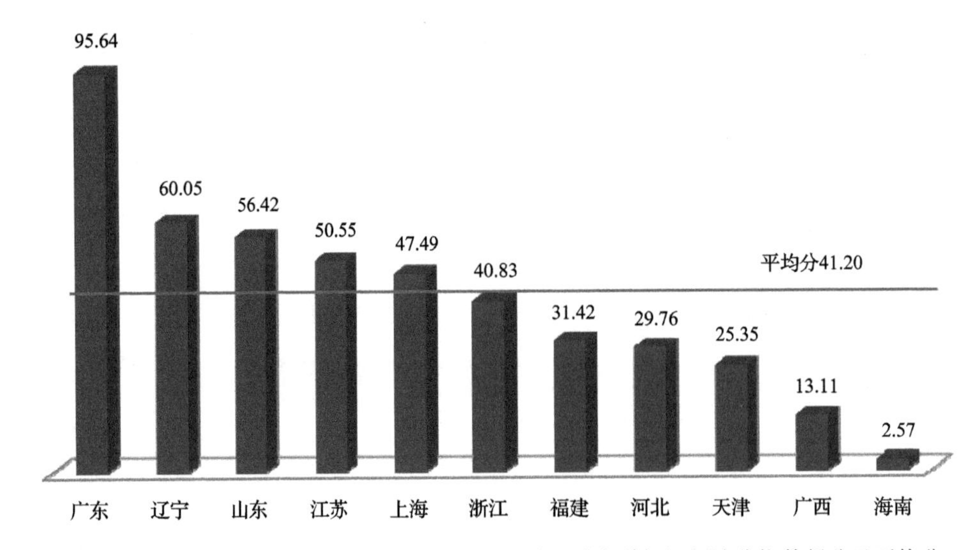

图 3-3　2016 年 11 个沿海省(直辖市、自治区)的区域海洋知识创造分指数得分及平均分

从海洋创新绩效分指数来看，2016 年该分指数得分超过平均分的沿海省(直辖市)有上海、天津、福建、广东、海南和山东(图 3-4)。其中，上海的区域海洋创新绩效分指数得分为 90.91，主要原因在于其劳动生产率远高于其他地区，且拥有良好的海洋经济产出；天津的区域海洋创新绩效分指数得分为 70.83，紧随

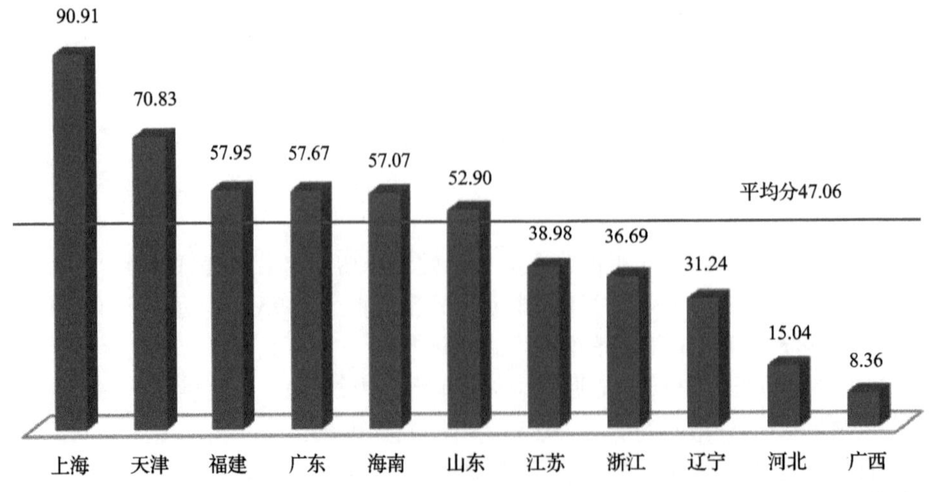

图 3-4　2016 年 11 个沿海省(直辖市、自治区)的区域海洋创新绩效分指数得分及平均分

上海之后，这也得益于较好的海洋经济产出；福建、广东、海南和山东的区域海洋创新绩效分指数得分分别为 57.95、57.67、57.07 和 52.90，海洋创新绩效各方面良好，整体处于 11 个沿海省(直辖市、自治区)平均水平之上。

从海洋创新环境分指数来看，2016 年该分指数得分超过平均分的沿海省(直辖市、自治区)有山东、福建、天津、上海、广西和广东(图 3-5)。其中，山东拥有良好的海洋创新人才环境和政府资金环境，其区域海洋创新环境分指数得分为 71.25，高于其他地区；福建的区域海洋创新环境分指数得分为 63.37，这得益于其优越的海洋设备和政府资金环境；天津的区域海洋创新环境分指数得分为 59.03，这得益于其拥有较好的海洋创新资金环境和较高的人均海洋生产总值；上海的区域海洋创新环境分指数得分为 56.14，这得益于其拥有很高的人均海洋生产总值；广西的区域海洋创新环境分指数得分为 49.08，这得益于优越的海洋创新资金环境；广东的区域海洋创新环境分指数得分为 44.85，这得益于其拥有良好的政府资金环境。

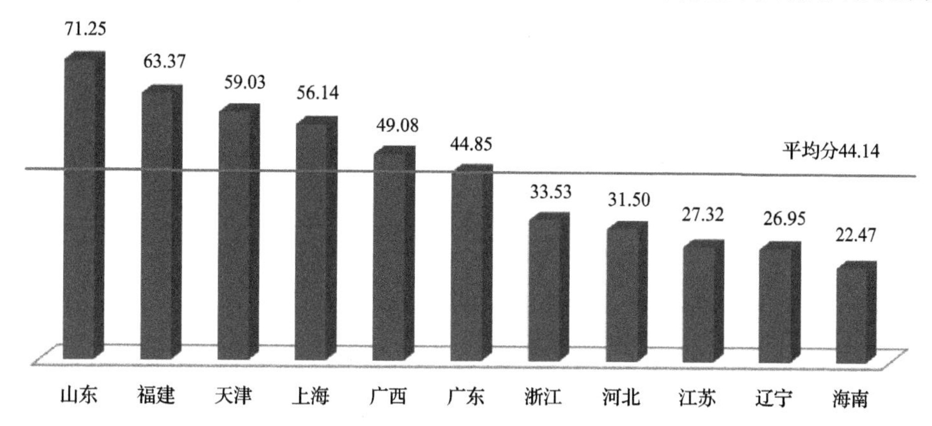

图 3-5　2016 年 11 个沿海省(直辖市、自治区)的区域海洋创新环境分指数得分及平均分

二、区域海洋创新能力与经济发展水平强相关

由反映经济发展水平的“沿海地区人均生产总值”与“区域海洋创新指数”关系示意图(图 3-6)可知，第一象限中的沿海地区人均生产总值较高，区域海洋创新指数高于全国平均水平，均为第一和第二梯次的地区；第四象限中的地区人均生产总值相对较高，但区域海洋创新指数低于全国平均水平，除浙江外，均为第三梯次的地区；第三象限中河北、海南和广西的人均生产总值相对较低，区域海洋创新指数低于全国平均水平，都是第四梯次的地区；没有一个地区处于人均生产总值较低，但区域海洋创新指数高于全国平均水平的第二象限。上述结果表明区域海洋创新能力与沿海区域经济发展水平之间具有强相关性。

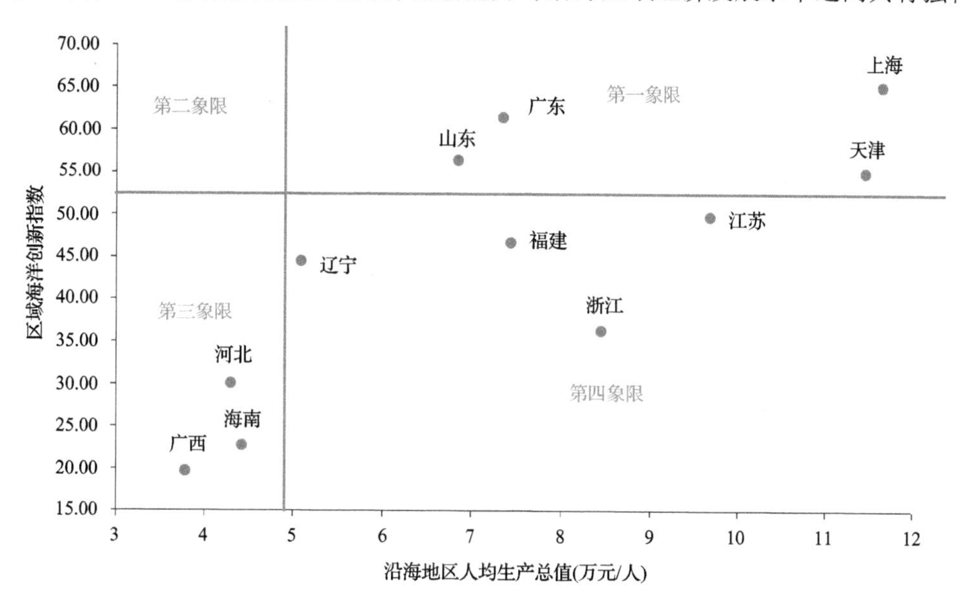

图 3-6　2016 年 11 个沿海省(直辖市、自治区)人均生产总值与区域海洋创新指数关系示意图

由反映海洋经济发展水平的“沿海地区人均海洋生产总值”与“区域海洋创新指数”关系示意图(图3-7)可见，第一象限中的沿海地区人均海洋生产总值较高，区域海洋创新指数高于全国平均水平，也均是第一和第二梯次的地区；第四象限中人均海洋生产总值相对较高，区域海洋创新指数接近或者低于全国平均水平，包含上述处于第三梯次的所有地区及第四梯次的海南；第三象限中人均海洋生产总值和区域海洋创新指数均低于全国平均水平，为第四梯次的河北和广西；没有一个地区处于人均海洋生产总值低于全国平均水平，但区域海洋创新指数高于全国平均水平的第二象限。上述结果表明海洋创新活动与沿海区域海洋经济发展水平之间也具有强相关性。

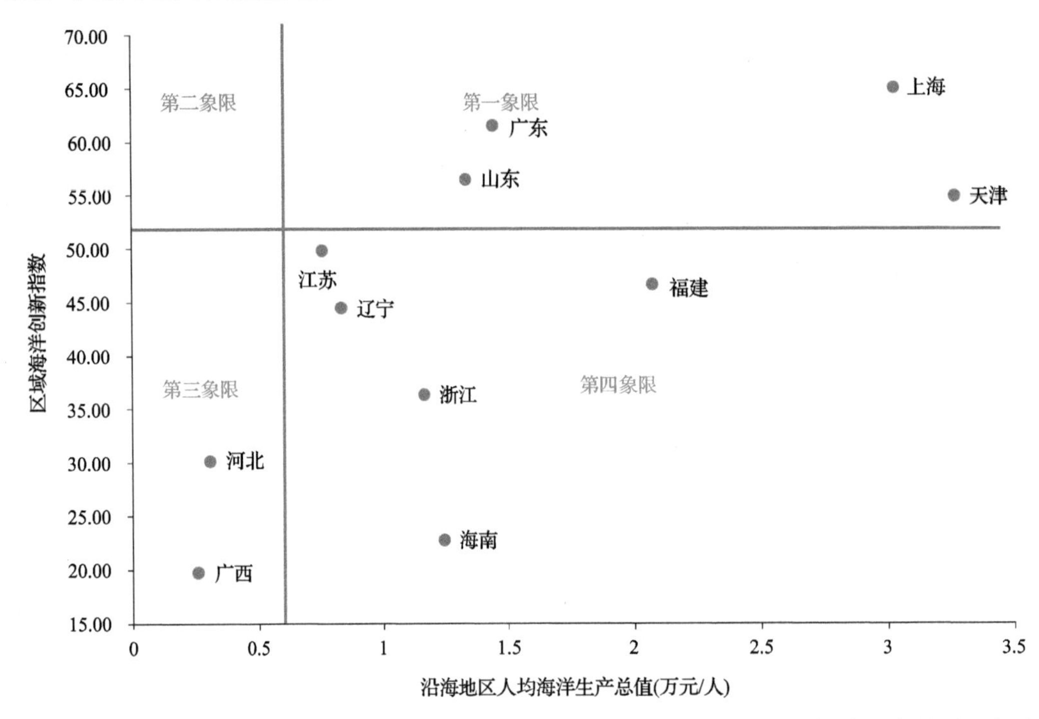

图 3-7　2016 年 11 个沿海省(直辖市、自治区)的人均海洋生产总值与区域海洋创新指数关系示意图

第二节　从五大经济区看我国区域海洋创新发展

针对环渤海经济区、长江三角洲经济区、海峡西岸经济区、珠江三角洲经济区和环北部湾经济区五大经济区的具体分析如下。

环渤海经济区是指环绕着渤海的全部及黄海的部分沿岸地区所组成的广大经济区域，是我国东部的“黄金海岸”，具有相当完善的工业基础、丰富的自然资源、雄厚的科技力量和便捷的交通条件，也是我国中西部发展的战略地区，在全国经济发展格局中占有举足轻重的地位。2016 年，环渤海经济区的区域海洋创新指数为 46.50(表 3-2)，略高于 11 个沿海省(直辖市、自治区)的平均水平，但区域海洋创新绩效在平均水平之下，海洋创新发展有提升的空间。

长江三角洲经济区位于我国东部沿海、沿江地带交汇处，区位优势突出，经济实力雄厚。长江三角洲经济区以上海为核心，以技术型工业为主，技术力量雄厚、前景好、政府支持力度大、环境优越、教育发展好、人才资源充足，是我国最具发展活力的沿海地区。2016 年，长江三角洲经济区的区域海洋创新指数为 50.41，高于 11 个沿海省(直辖市、自治区)的平均水平，大量的海洋创新资源为长江三角洲经济区海洋科技与经济的发展创造了良好的条件，海洋创新成果显著。

表 3-2　2016 年我国五大经济区区域海洋创新指数与分指数

经济区	综合指数	分指数			
	区域海洋创新指数 a	海洋创新资源 b_1	海洋知识创造 b_2	海洋创新绩效 b_3	海洋创新环境 b_4
环渤海经济区	46.50	53.43	42.90	42.50	47.18
长江三角洲经济区	50.41	60.81	46.29	55.52	39.00
海峡西岸经济区	46.69	34.02	31.42	57.95	63.37
珠江三角洲经济区	61.51	47.88	95.64	57.67	44.85
环北部湾经济区	21.22	8.56	7.84	32.72	35.78
平均值	45.27	40.94	44.82	49.27	46.04

海峡西岸经济区以福建为主体包括周边地区，南北与珠江三角洲、长江三角洲两个经济区衔接，东与台湾、西与江西的广大内陆腹地贯通，是具备独特优势的地域经济综合体，具有带动全国经济走向世界的特点。2016 年，海峡西岸经济区的区域海洋创新指数为 46.69，略高于 11 个沿海省(直辖市、自治区)的平均水平，区域海洋创新环境与海洋创新绩效高于平均水平，有着较好的发展潜质，但海洋创新资源与海洋知识创造水平较低，海洋创新发展能力有待进一步提升。

珠江三角洲经济区主要是指我国大陆南部的广东省，与香港、澳门两大特别行政区接壤，科技力量与人才资源雄厚，海洋资源丰富，是我国经济发展最快的地区之一。珠江三角洲经济区的区域海洋创新指数为 61.51，高于 11 个沿海省(直辖市、自治区)的平均水平，且在五大经济区中居首位，海洋创新资源密集，知识创造硕果累累，创新绩效成绩斐然。

环北部湾经济区地处华南经济圈、西南经济圈和东盟经济圈的结合部，是我国西部大开发地区中唯一的沿海区域，也是我国与东南亚国家联盟既有海上通道又有陆地接壤的区域，区位优势明显，战略地位突出。环北部湾经济区的区域海洋创新指数为 21.22，远低于 11 个沿海省(直辖市、自治区)的平均水平，在五大经济区中居末位，创新指数的 4 个分指数得分均比较低，与长江三角洲和珠江三角洲经济区的差距较大。

第三节　从三大海洋经济圈看我国区域海洋创新发展

2016 年，东部海洋经济圈的区域海洋创新指数为 50.41，居三大海洋经济圈首位(表 3-3，图 3-8)。4 个分指数中，得分较高的是海洋创新资源分指数和海洋创新绩效分指数，分别为 60.81 和 55.52，这 2 个分指数对区域海洋创新指数有较大的正贡献，充分说明该区域优势突出、经济实力雄厚，其优质的海洋创新资源为区域海洋科技与经济的发展创造了良好条件；得分较低的是海洋知识创造和海洋创新环境分指数，分别为 46.29 和 39.00，这 2 个分指数对区域海洋创新指数呈现负效应(图 3-9)。

表 3-3　2016 年我国三大海洋经济圈区域海洋创新指数与分指数

经济圈	综合指数	分指数			
	区域海洋创新指数 a	海洋创新资源 b_1	海洋知识创造 b_2	海洋创新绩效 b_3	海洋创新环境 b_4
北部海洋经济圈	46.50	53.43	42.90	42.50	47.18
东部海洋经济圈	50.41	60.81	46.29	55.52	39.00
南部海洋经济圈	37.66	24.75	35.68	45.26	44.94

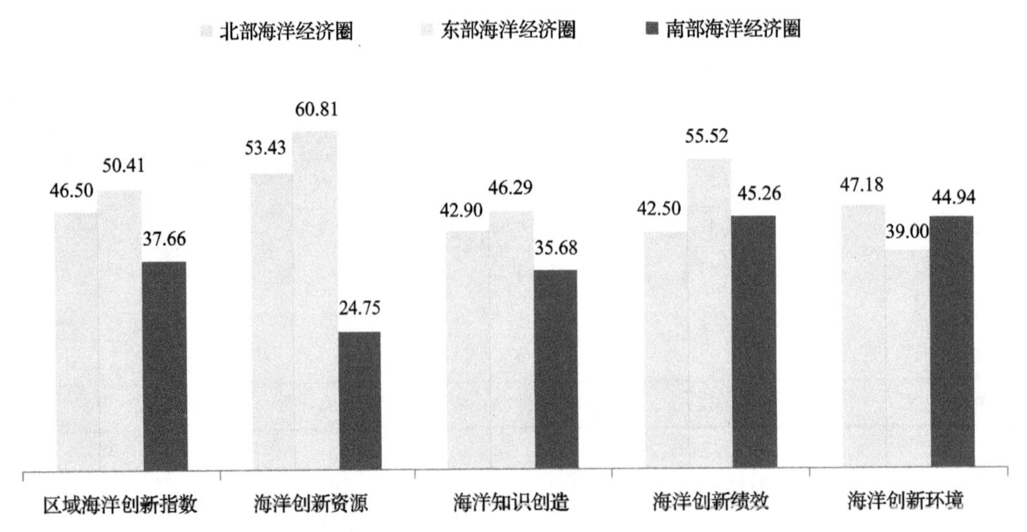

图 3-8 2016 年我国三大海洋经济圈区域海洋创新指数与分指数得分

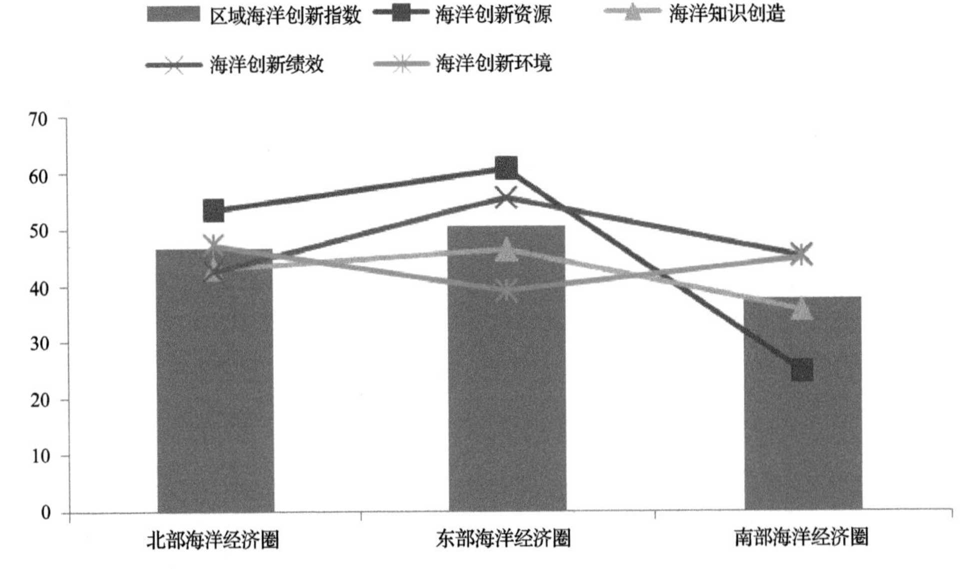

图 3-9 2016 年我国三大海洋经济圈区域海洋创新指数与分指数关系

北部海洋经济圈的区域海洋创新指数为 46.50，得分在三大海洋经济圈中居中。4 个分指数中，海洋创新资源和海洋创新环境对区域海洋创新指数有正贡献作用，得分分别为 53.43 和 47.18；海洋知识创造和海洋创新绩效的得分比较低，分别为 42.90 和 42.50。北部海洋经济圈的区域海洋创新指数得分较低的原因主要在于海洋创新绩效相对较弱，海洋创新发展有待进一步提高。

南部海洋经济圈的区域海洋创新指数为 37.66，在三大海洋经济圈中最低。4 个分指数得分差异较大。其中，海洋创新环境和海洋创新绩效 2 个分指数得分较高，分别为 44.94 和 45.26；海洋知识创造和海洋创新资源分指数得分较低，分别为 35.68 和 24.75，是导致区域海洋创新指数较低的主要因素。南部海洋经济圈在三大海洋经济圈中得分最低，其提升空间较大。在以后的海洋创新发展过程中，需要进一步发挥珠江口及其两翼的创新总体优势，以带动福建、北部湾和海南岛沿岸发挥区位优势共同发展，使海洋创新驱动经济发展的模式辐射至整个南部海洋经济圈。

第四章　我国海洋创新能力的进步与展望

习近平总书记强调“要发展海洋科学技术，着力推动海洋科技向创新引领型转变”“要依靠科技进步和创新，努力突破制约海洋经济发展和海洋生态保护的科技瓶颈。要搞好海洋科技创新总体规划”。创新是引领经济增长最为重要的引擎，海洋创新更是指导海洋事业不断突破、实现海洋经济稳步健康发展的重要支撑。

国家海洋创新能力与海洋经济发展相辅相成。我国海洋创新能力的提高，与海洋经济发展相互关联。2012～2016 年国家海洋创新指数、海洋生产总值和国内生产总值的增长率接近，国家海洋创新能力基本与海洋经济发展水平保持一致，海洋创新对经济的贡献能力也同步提升。

“十三五”规划开局之年，海洋科学和技术发展的部分指标已接近预期规划目标，发展态势良好。2016 年，海洋生产总值占国内生产总值的比重达到 9.51%，海洋科技进步贡献率达到 65.9%，超过预期规划目标；海洋科技成果转化率达到 50.0%，与规划目标的 55.0%有所差距，科技创新成果转化能力仍有较大提升空间。

第一节　国家海洋创新能力与海洋经济发展相辅相成

国家海洋创新能力与海洋经济发展相辅相成，海洋经济为海洋科技研发提供充足的资金保障，从而提高海洋资源利用效率；海洋科技的进步和创新能力的提高，又促进海洋经济和国民经济的增长。2002～2016 年国家海洋创新指数(2016 年略有下降)、海洋生产总值和国内生产总值总体均呈现增长趋势(图 4-1)，年均增长率分别为 8.34%、13.99%和 13.87%(表 4-1)。国家海洋创新能力与海洋经济发展的趋势基本保持一致，但国家海洋创新指数的增长率不及海洋生产总值和国内生产总值，这说明国家海洋创新对经济增长的贡献还存在较大的发展空间。

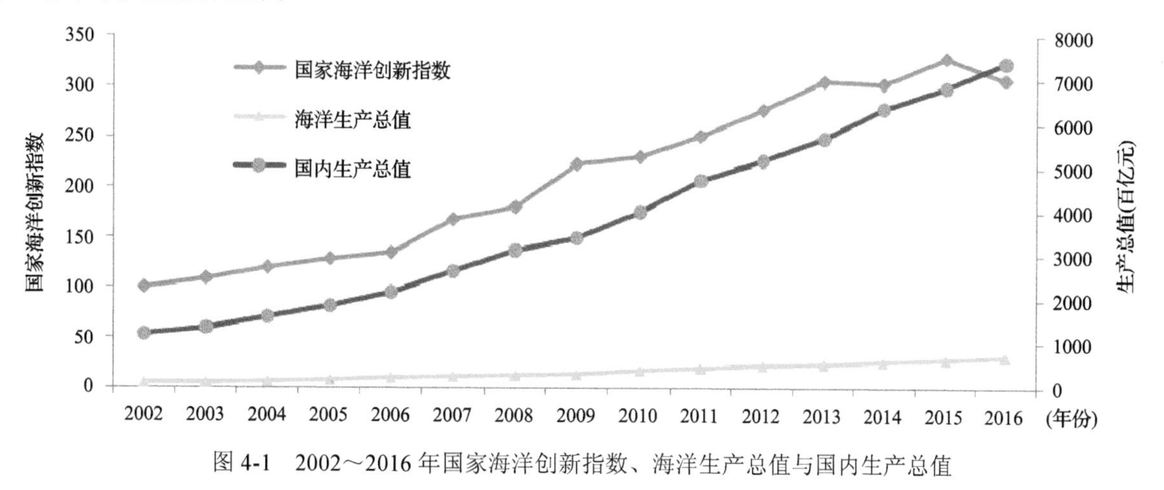

图 4-1　2002～2016 年国家海洋创新指数、海洋生产总值与国内生产总值

表 4-1　国家海洋创新指数、海洋生产总值与国内生产总值增长率(%)

年份	国家海洋创新指数增长率	海洋生产总值增长率	国内生产总值增长率
2002	—	—	—
2003	8.69	6.05	12.87
2004	9.63	22.67	17.71
2005	7.58	20.42	15.67
2006	4.88	22.30	16.97

续表

年份	国家海洋创新指数增长率	海洋生产总值增长率	国内生产总值增长率
2007	24.31	18.65	22.88
2008	7.92	16.00	18.15
2009	23.93	8.61	8.55
2010	3.36	22.60	17.78
2011	8.94	14.97	17.83
2012	10.32	10.00	9.69
2013	10.01	8.53	9.62
2014	−0.74	11.76	11.83
2015	8.63	6.54	7.76
2016	−6.81	9.03	8.12
年均增长率	8.34	13.99	13.87

第二节　国家海洋“十三五”相关规划重要指标进展

《全国科技兴海规划(2016～2020年)》和《全国海洋经济发展“十三五”规划》等对“十三五”期间的海洋创新发展提出了明确要求，旨在引领“十三五”期间我国海洋创新发展。在“十三五”规划开局之年，对这些目标的实际情况进行数据分析，为“十三五”规划管理部门及时掌握国家海洋创新能力情况和发展趋势提供依据。

2016年，海洋生产总值占国内生产总值的比重达到9.51%，海洋科技进步贡献率达到65.9%；科技创新成果转化率达到50.0%，与规划目标的55.0%有所差距，海洋科技成果转化能力仍有较大提升空间。2016年是“十三五”规划开局之年，部分指标保持规划目标并呈现上升趋势(表4-2)，发展态势良好。

表4-2　国家海洋“十三五”相关规划重要指标情况(%)

主要指标	2015	“十三五”目标	实际测算值
海洋生产总值占国内生产总值的比重	9.4	9.5	9.51(2016年)
海洋科技进步贡献率	>60	>60	65.9(2006～2016年)
海洋科技成果转化率	>50	>55	50.0(2000～2016年)

展望未来，我国应进一步加大海洋创新资源投入力度，同时注重海洋创新的效率问题，发挥海洋创新的支撑引领作用，转变海洋经济发展方式，推动海洋经济转型升级，依靠海洋科技突破经济社会发展中的能源、资源与环境约束，让海洋创新成为驱动海洋经济发展与转型升级的核心力量，为海洋强国建设提供充足的知识储备和坚实的技术基础。

第五章　我国海洋科研机构的空间分布特征与演化趋势

海洋科研机构是国家海洋创新发展和国家海洋科研能力建设的重要组成部分。在建设海洋强国战略背景下，科学谋划海洋科研机构的空间布局、合理配置海洋科技创新资源具有重大意义。

为揭示中国海洋科研机构布局和海洋科研力量的空间演化规律，本章基于海洋科技统计中海洋科研机构的单点数据，采用标准差椭圆这一空间统计方法，分别选取科技统计中的从业人员、科技活动投入中政府资金和科技论文 3 个指标来反映海洋科研机构的人力投入、经费投入和产出情况，多重角度刻画海洋科研机构的地理位置、人力投入、经费投入、产出等要素的时空变化过程，以空间可视化的方式揭示我国海洋科研机构布局的整体特征与动态演化过程，以期为制定海洋科技创新发展政策及海洋科研机构布局战略等提供决策依据。

第一节　研 究 方 法

标准差椭圆(standard deviational ellipse，SDE)法是空间统计方法中能够从多重角度反映要素空间分布整体性特征的方法，已成为 ArcGIS 空间统计模块的常规统计工具。

SDE 法是美国南加利福尼亚大学社会学教授 Lefever 在 1926 年提出的，用来度量一组数据的方向和分布，揭示要素的空间分布特征，因其直观性与有效性已得到广泛应用。SDE 法生成的结果为一个椭圆，从其生成算法来看，首先用平均中心来确定椭圆的圆心，然后以平均中心作为起点对 X 坐标和 Y 坐标的标准差进行计算，从而定义椭圆的轴线，同时确定椭圆的方向，正北方向为 0°，顺时针旋转。此外，可以根据要素的位置点或受与要素关联的某个属性值影响的位置点来计算标准差椭圆。需要说明的是，ArcGIS 提供了“椭圆大小”这一参数，1 个、2 个、3 个标准差范围可将约占总数 68%、95%、99%的输入要素包含在椭圆内。本章选取 1 个标准差范围计算海洋科研机构的地理空间标准差椭圆(以下称 geo 椭圆)，且选取从业人员、科技活动投入中政府资金和科技论文作为属性值计算海洋科研机构的加权标准差椭圆(以下分别称 pe 椭圆、fi 椭圆和 ot 椭圆)。

SDE 法通过椭圆的空间分布范围和中心、长轴、短轴、方位角等基本参数定量描述海洋科研机构的要素空间分布特征。椭圆空间分布范围的含义与其是否设定属性值有关，例如，geo 椭圆的空间分布范围直接表示海洋科研机构在地理位置上分布的主体区域，pe 椭圆是以从业人员为权重的海洋科研机构输出的椭圆，其空间分布范围与 geo 椭圆的相对位置可反映海洋科研机构从业人员的空间分布情况。椭圆中心表示要素空间分布的平均中心；长轴的方向是要素空间分布的主趋势方向，其长度反映要素在主趋势方向上的离散程度，短轴反映要素空间分布的范围，长短轴比值越大，数据的聚集程度越明显，反之，数据的离散程度越大；方位角是从正北方向顺时针旋转到椭圆长轴的角度，表征要素空间分布的方向。

第二节　空间分布特征与演化趋势

一、总体概况

2001～2015 年中国海洋科研机构的 geo 椭圆、pe 椭圆、fi 椭圆和 ot 椭圆如图 5-1 所示。为辅助理解中国海洋科研机构在地理位置、人力投入、经费投入、产出的空间分布特征和动态演化过程，选取 2001 年、2008 年和 2015 年的标准差椭圆制图(图 5-2，图 5-3)。

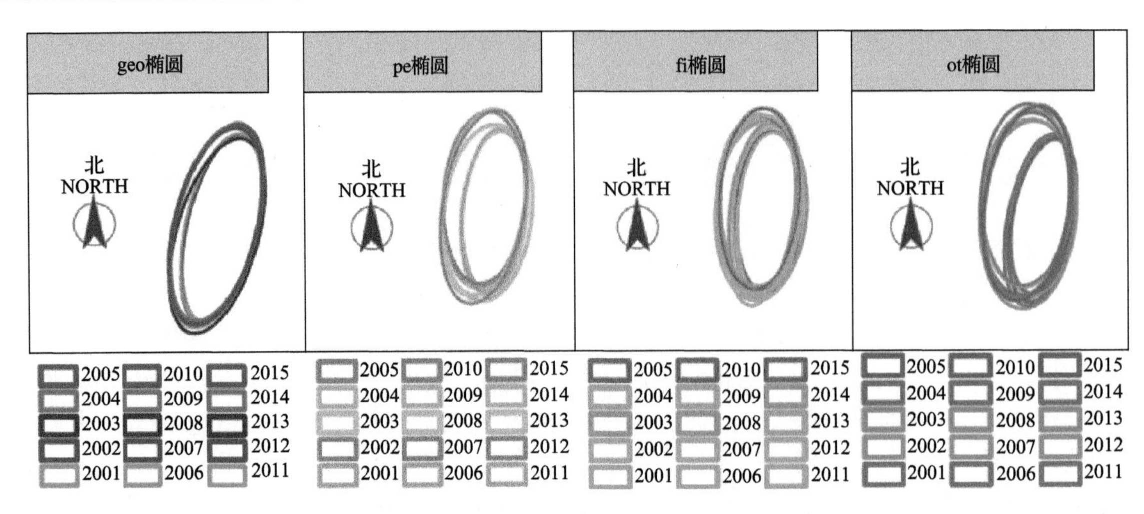

图 5-1　2001～2015 年中国海洋科研机构标准差椭圆

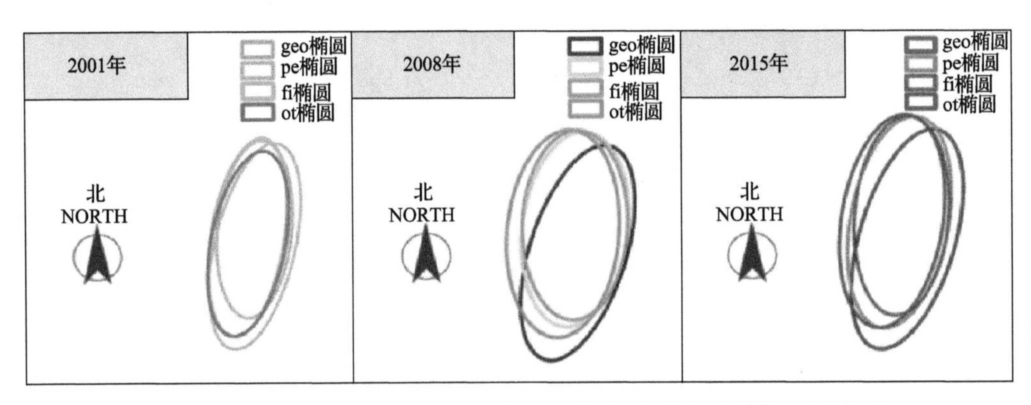

图 5-2　2001 年、2008 年、2015 年中国海洋科研机构标准差椭圆(分年份)

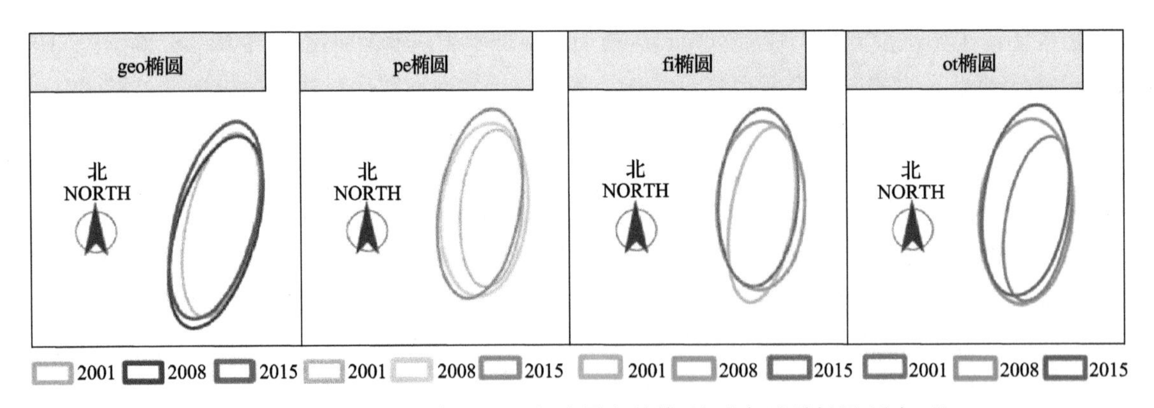

图 5-3　2001 年、2008 年、2015 年中国海洋科研机构标准差椭圆(分权重)

从地理位置来看(图 5-2)，中国海洋科研机构标准差椭圆的主趋势方向均为北偏东、南偏西，呈狭长分布。具体来说，2001 年，geo 椭圆空间分布从北到南覆盖渤海湾海域、山东、江苏、上海、安徽、浙江、江西、福建，这些区域为 2001 年海洋科研机构在地理位置上分布的主体区域。相比于 geo 椭圆，pe 椭圆和 fi 椭圆方位角明显偏小，且空间分布往北集中，这是由于位于北京的机构在人力投入和经费投入方面有明显优势；ot 椭圆方位角变化不大，其空间分布往西集中，这说明北方的海洋科研机构在产出上不占优势，且位于中部(如湖北)的海洋科研机构虽数量不多，但产出可观。

2008 年，中国广西、海南等沿海地区和湖北、陕西、甘肃等中西部地区建设起一批海洋科研机构，geo 椭圆相对 2001 年向西南方向扩展。相比于 geo 椭圆，pe 椭圆、fi 椭圆和 ot 椭圆空间分布往北集中，且方位角变小，其中，ot 椭圆程度最大，且整体更偏向于西。这是因为国家大幅增加了北京、山东及中西部地区海洋科研机构的人力和经费投入，北京、天津、山东、广东等地区海洋科研机构的产出明显领先其他地区。

相比于 2008 年，2015 年 geo 椭圆向北移动，中国海洋科研机构在全国范围内有了新的空间格局，其中，黑龙江、辽宁、北京等北方区域在数量上涨幅较大。从 4 个椭圆的相对位置来看，其关系与 2008 年大致相同，fi 椭圆往北集中趋势更为明显，而 ot 椭圆也往北移动，趋向于以山东为中心区域，这说明该时段北京、天津、山东、浙江等地的经费投入和论文产出依然占据优势。

从动态变化过程来看(图 5-3)，geo 椭圆的空间分布先往西南方向扩展，再向北移动。pe 椭圆先有整体的扩展，往西和往南最为明显，然后在其继续扩展中有偏向于北的趋势，这表明我国在全国范围内不断加强海洋科研机构的人力投入，有效促进了广西等沿海地区和中西部地区的人才引进。fi 椭圆的扩展以往北为主、往西为辅，这说明我国海洋科研经费投入仍集中在北京、天津、山东、浙江等老牌海洋强省(直辖市)，同时，中西部的海洋科研机构也得到了政府的大力支持。ot 椭圆的整体扩展趋势最为明显，与 fi 椭圆一样以往北扩展为主、往西偏移为辅，不同的是，ot 椭圆的扩展基本基于自身，而 fi 椭圆则是扩展的同时往北移动，反映了海洋科研产出在全国范围内的大爆发，这说明中国海洋科研活动程度不断提高、海洋科技创新水平持续提升。

二、平均中心变化趋势

标准差椭圆的中心表示要素空间分布的平均中心。从中心点的轨迹(图 5-4)来看，2001～2015 年，中国海洋科研机构标准差椭圆有明显变化。为便于总结海洋科研机构建设的演变规律，暂不考虑经纬度关系，制图 5-5；为便于明晰海洋科研机构的地理位置与人力、经费投入和产出的关系，制图 5-6。

从图 5-4 可以看到，geo 椭圆中心点的轨迹可分为四段：①2001～2006 年，该时间段内中国海洋科研机构大多集中在沿海地区，且变化不大；②2007～2009 年，该时间段是中国海洋科研机构建设的全面爆发期，黑龙江、甘肃、陕西、湖北、海南等地均建设有海洋科研机构，且沿海地区海洋科研机构数量也在增加，geo 椭圆中心点变动较大，总体向西移动；③2010～2012 年，geo 椭圆中心点继续向西移动，处于稳定发展状态；④2013～2015 年，北京、天津、山东等地海洋科研机构数量增多，geo 椭圆中心向北移动且趋于稳定。

pe 椭圆、fi 椭圆、ot 椭圆中心点的轨迹需要与 geo 椭圆中心点轨迹结合探讨。对 pe 椭圆来说，2001～2006 年，其中心点变动不大，与 geo 椭圆中心点的相对位置也基本保持不变，位于 geo 椭圆中心点的正北方，说明北京、天津、山东等地区的海洋科研机构从业人员有明显优势；2007 年，pe 椭圆中心点向西移动；2009 年，pe 椭圆中心点继续向西北方向移动；2013～2015 年，pe 椭圆中心持续向南移动，且 2007～2015 年，pe 椭圆中心点始终位于 geo 中心点的西北方向，说明中西部地区的海洋科研机构人才建设环境良好，且 2013 年以后，南方海洋科研机构逐步增加了从业人员。对 fi 椭圆来说，其中心点始终位于 geo 椭圆的西北方向，2001～2008 年，两者距离越来越小，2009 年，fi 椭圆中心点与 geo 椭圆中心点距离拉大，此后基本保持不变。ot 椭圆中心点同样位于 geo 椭圆的西北方向，2001～2006 年，两者距离波动变化，2007 年，fi 椭圆中心点与 geo 椭圆中心点距离大幅拉大，此后有缓慢变小趋势。

pe 椭圆、fi 椭圆、ot 椭圆中心点与 geo 椭圆中心点的空间关系可以为确定海洋科研机构科研力量的均衡性提供参考。整体来看，pe 椭圆、fi 椭圆、ot 椭圆中心点与 geo 椭圆中心点的距离有扩大趋势，说明 2001～2015 年中国海洋科研机构科研力量呈现非均衡化趋势。

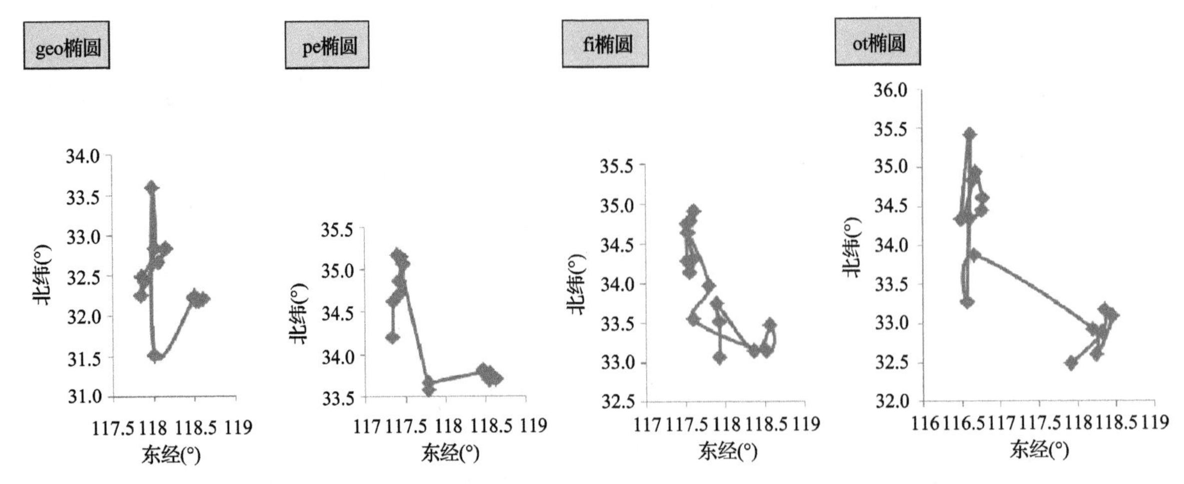

图 5-4　2001～2015 年中国海洋科研机构标准差椭圆中心点轨迹图

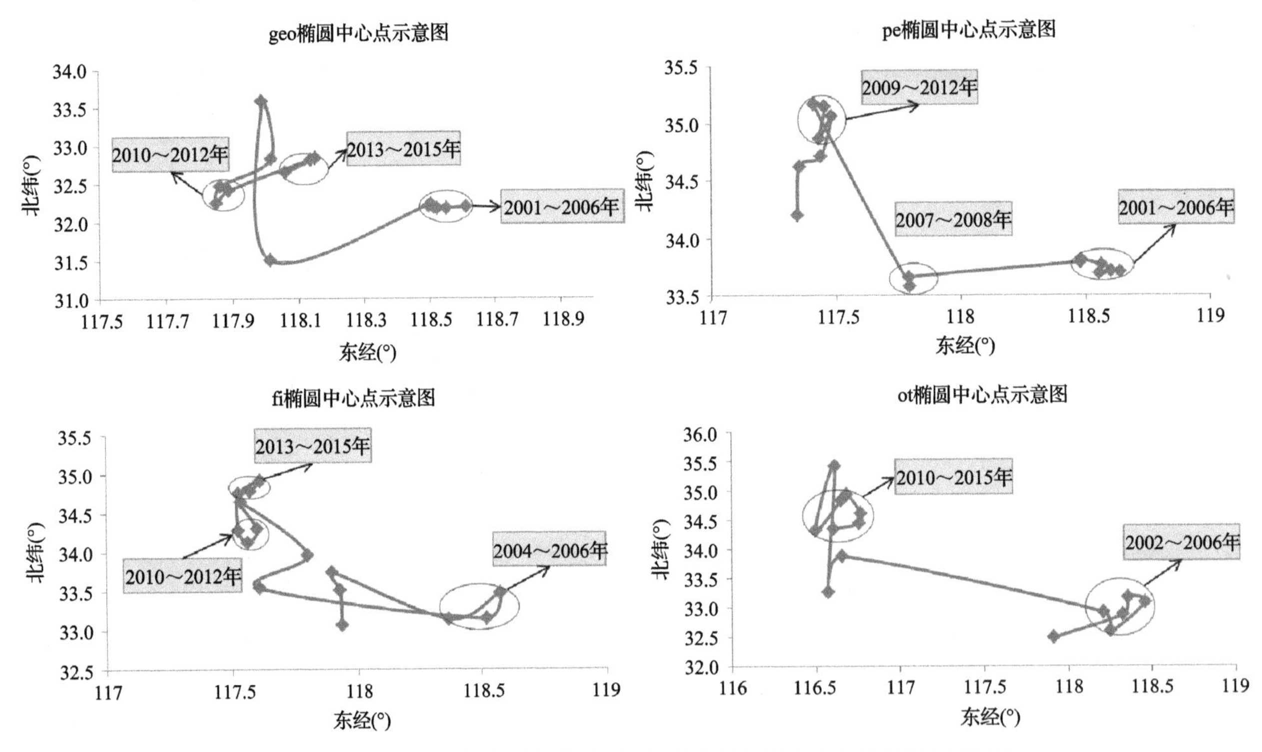

图 5-5　2001～2015 年中国海洋科研机构标准差椭圆中心点示意图(分权重)

三、椭圆长短轴变化趋势

从中国海洋科研机构标准差椭圆的长轴来看(图 5-7)，2001～2015 年，geo 椭圆长轴呈缓慢增长趋势，说明南北方向海洋科研机构的范围在扩张；pe 椭圆、fi 椭圆、ot 椭圆的长轴呈波动上升趋势，且始终小于 geo 椭圆长轴，说明海洋科研机构的从业人员、科技活动收入中政府资金和科技论文均有明显聚集现象。从短轴来看，2001～2015 年，geo 椭圆、pe 椭圆、fi 椭圆和 ot 椭圆的短轴均呈波动增长趋势，其中，pe 椭圆、fi 椭圆和 ot 椭圆的短轴在 2007 年大幅增长，说明 2007 年黑龙江、甘肃、海南等地区建设的海洋科研机构在人力、经费投入和产出方面都有明显优势。

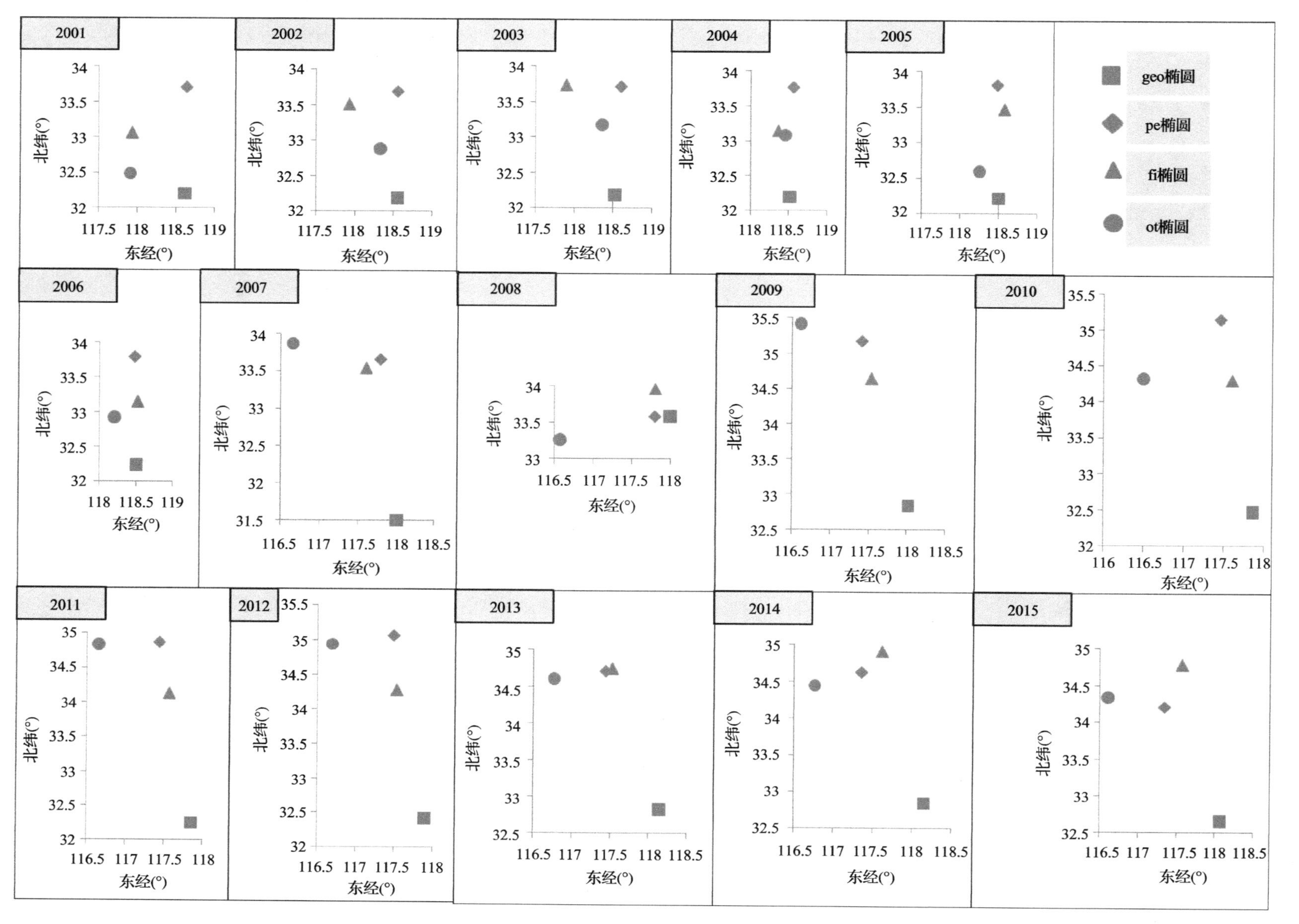

图5-6　2001～2015年中国海洋科研机构标准差椭圆中心点示意图(分年份)

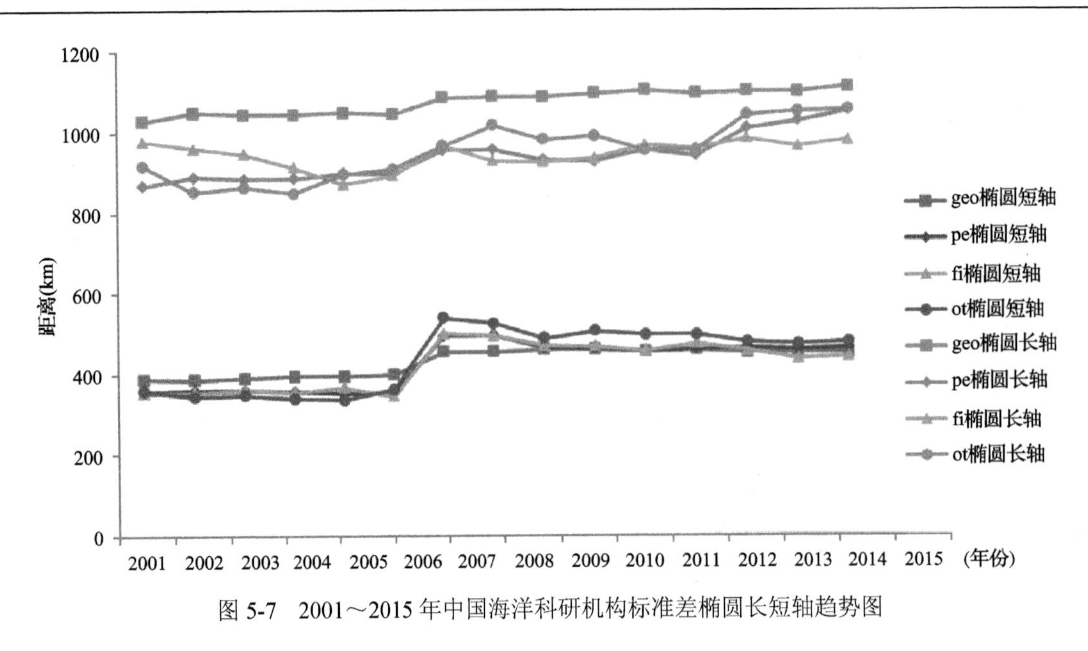

图 5-7　2001～2015 年中国海洋科研机构标准差椭圆长短轴趋势图

从短轴与长轴的比值来看(图 5-8)，geo 椭圆短轴与长轴的比值缓慢增长，pe 椭圆、fi 椭圆和 ot 椭圆则在 2007 年涨势突出，此后缓慢下降。总体来说，中国海洋科研机构在地理要素和科研力量要素的空间展布范围都在扩张，离散程度增大。

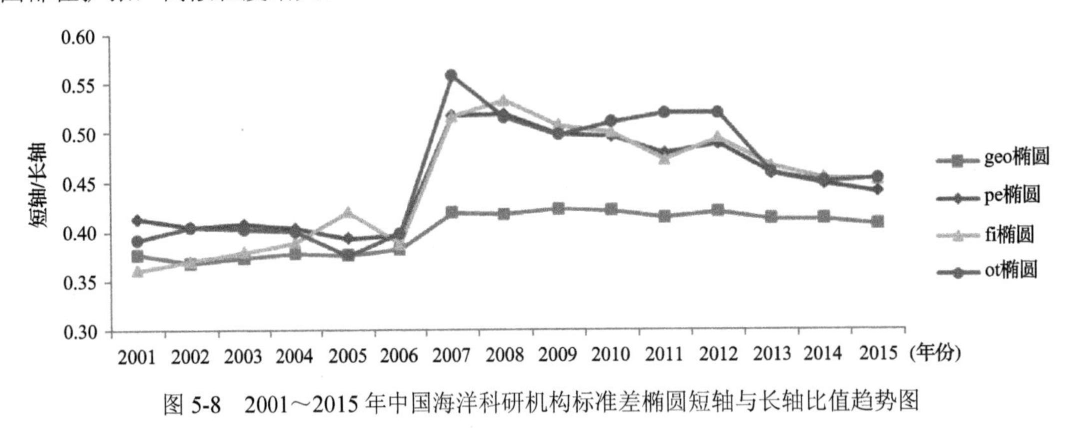

图 5-8　2001～2015 年中国海洋科研机构标准差椭圆短轴与长轴比值趋势图

四、椭圆方位角变化趋势

标准差椭圆的方位角表征要素空间分布的方向。如图 5-9 所示，2001～2006 年，geo 椭圆方位角变动不大；2007 年，geo 椭圆方位角快速增长，说明东南沿海地区海洋科研机构的增长趋势大于中西部地区；2009 年，geo 椭圆方位角变小，反映出北方地区和中西部地区的海洋科研机构增长趋势反超东南地区；2010～2015 年，geo 椭圆方位角缓慢增大，说明在山东、江苏、浙江等老牌海洋强省的聚集作用下，该区域海洋科研机构在数量上保持了增长优势。

2001～2008 年，pe 椭圆的方位角保持在 7°左右，远小于 geo 椭圆的 12°～17°，显示出北京、天津等北方地区海洋科研机构在从业人员数量上的明显优势；2009～2010 年，pe 椭圆的方位角持续变小至约 4°，继而持续增大；2015 年，pe 椭圆的方位角增大至约 10°，说明北方地区海洋科研机构在人力投入的优势在逐渐减弱。

从 fi 椭圆的方位角来看，2001～2015 年，其方位角始终小于 geo 椭圆方位角，且呈波动下降趋势。一方面，北京、天津等北方地区海洋科研机构在政府经费上同样远高于其他地区；另一方面，中西部地区的海洋科研机构在经费上的拉动作用也十分明显。

2001～2015 年，ot 椭圆的方位角大体呈“U”形趋势。2007 年，ot 椭圆的方位角明显减小，说明中西部地区和广东、广西等地区的海洋科研机构的科技论文发表数量飞速增长，反映出这些地区海洋科技原始创新能力的提高。此后，ot 椭圆的方位角波动上升，至 2012 年明显大幅提升后恢复平稳增长，说明东南沿海地区科技论文发表量的增长趋势实现反超，全国范围内海洋科研机构产出增长趋势趋同。

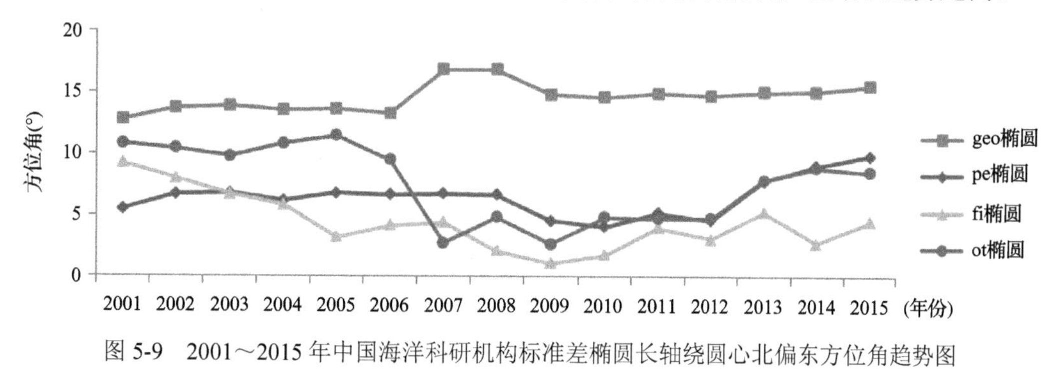

图 5-9　2001～2015 年中国海洋科研机构标准差椭圆长轴绕圆心北偏东方位角趋势图

第三节　主要研究结论

进入 21 世纪以来，海洋科技创新成为海洋经济发展的根本动力，在国家、区域竞争中占据主要地位。作为海洋科技创新的主力军之一，海洋科研机构的地理要素和科研力量要素的空间布局对落实建设海洋强国建设意义重大。本章揭示了 2001～2015 年海洋科研机构的空间分布特征与动态演化过程，可得出以下结论。

(1) 从地理位置来看，中国海洋科研机构数量持续增长，空间展布范围不断扩张。具体来说，中国海洋科研机构在地理位置上大多集中在沿海地区；从 2007 年开始，黑龙江等北方地区，湖北、陕西、甘肃等中西部地区，以及广西、海南等沿海地区建设起一批海洋科研机构，但其增长趋势小于东南沿海地区的海洋科研机构；2009 年，北方地区和中西部地区的海洋科研机构增长趋势反超东南沿海地区；自 2010 年以后，这一趋势减缓，山东、江苏、浙江等地恢复增长优势。

(2) 从人力投入来看，中国持续加强海洋科研人才建设。具体来说，北京、天津、山东等地区的海洋科研机构从业人员有明显优势；自 2007 年开始，中西部地区的海洋科研机构人才建设环境良好；2013 年以后，北方地区海洋科研机构在人力投入方面的优势逐渐减弱，南方海洋科研机构的从业人员数量涨势突出。

(3) 从经费投入来看，中国海洋科研经费投入集中在北京、天津、山东、浙江等老牌海洋强省(直辖市)。同时，中西部地区的海洋科研机构在经费投入上的拉动作用也十分明显。

(4) 从科研产出来看，中国海洋科研机构的科研产出正在实现全国范围内的大爆发，海洋科研活动程度不断提高。具体来说，2007 年以前，北方的海洋科研机构在产出增长率上不占优势，而位于中部的海洋科研机构产出成果突出；2007 年，中西部地区和广东、广西等地区的海洋科研机构的科技论文发表数量飞速增长，北京、天津、辽宁等地区的科研产出同样可观；自 2009 年开始，东南沿海地区科技论文发表量的增长趋势实现反超，海洋科研机构产出在全国范围内增长趋势明显。

(5) 从四者空间关系来看，中国海洋科研机构的地理位置与人力、经费投入和科研产出布局呈现非均衡化趋势。2001～2015 年，中国海洋科研机构的人力、经费投入和科研产出与地理位置的布局有明显出入，且其中心点的距离有扩大趋势，呈非均衡化发展态势。

第六章　全球海洋创新能力分析

全球海洋领域 SCI 论文总量保持稳定增长态势。2016 年论文发表数量是 2001 年的 1.68 倍，年均增长率为 3.54%。

2001～2016 年全球海洋领域 SCI 发文数量前 15 位的国家依次为美国、中国、英国、澳大利亚、法国、德国、加拿大、日本、西班牙、俄罗斯、意大利、挪威、荷兰、印度和韩国。论文总被引频次最高的为美国，其次为英国、德国、法国、澳大利亚、加拿大，我国尽管论文总量排名第二位，但是论文总被引频次却排名第七位。

基于 2001～2016 年全球海洋领域前 20 的机构发表的 SCI 论文数量及其年度变化，主要发文机构中 8 个机构为美国所属，3 个主要机构为中国所属，分别为中国科学院、中国海洋大学和国家海洋局。

海洋领域 SCI 研究论文涉及学科众多且存在交叉，主要是海洋生物、海洋工程、海洋地球化学、渔业、环境、地质及采矿等相关领域。

海洋领域 EI 论文呈现快速增长趋势。中美两国海洋领域 EI 论文发表数量占全球的 40%左右，年度论文增长幅度远高于其他国家。自 2011 年以来，中国 EI 论文产出量超过美国，位居全球首位。

中国海洋专利申请数量位居第一，遥遥领先其他国家和地区，占世界比例稳步增高，从 2001 年的 5.4%增大至 2016 年 84.4%。世界海洋专利申请前 15 位的主要机构中，有 5 家机构为中国所属，分别是中国海洋石油公司、中国海洋大学、浙江海洋大学、浙江大学和大连海洋大学。

第一节　全球海洋创新成果总量与态势分析

一、SCI 论文保持稳定增长态势

2001～2016 年，全球海洋领域 SCI 论文总量持续增长，2016 年论文数量是 2001 年的 1.68 倍，年均增长率为 3.54%。如图 6-1 所示，2001～2016 年 SCI 论文数量呈现明显的三阶段变化，2006 年和 2012 年为转折点。

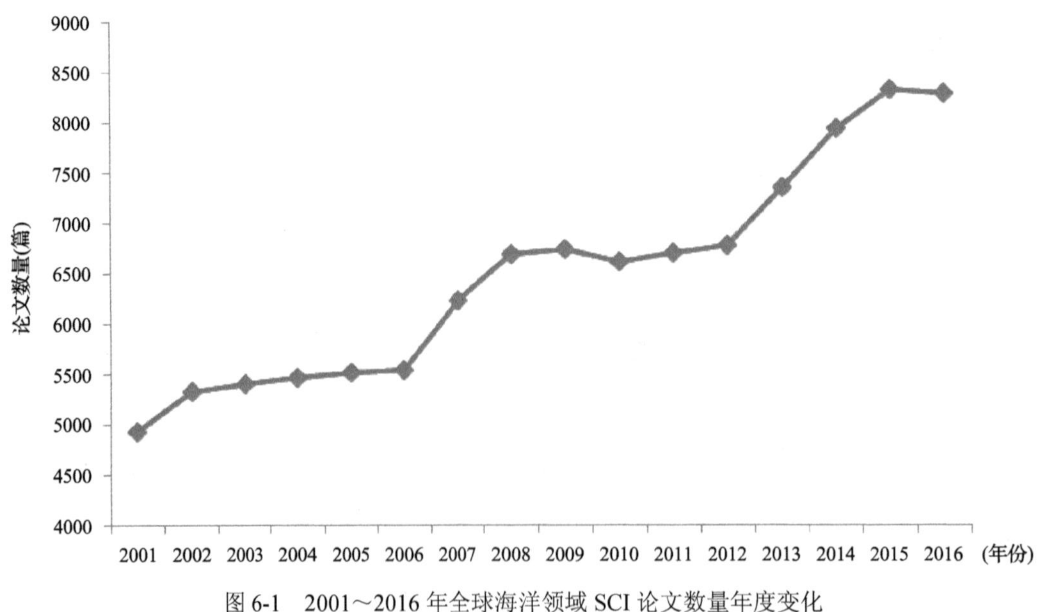

图 6-1　2001～2016 年全球海洋领域 SCI 论文数量年度变化

从 2001～2016 年全球海洋领域前 20 的机构发表的 SCI 论文数量(图 6-2)来看，发文量最多的机构为美国的加州大学，其次为美国国家海洋和大气管理局、俄罗斯科学院、中国科学院、伍兹霍尔海洋研究所、

华盛顿大学、中国海洋大学、法国国家科学院、夏威夷大学和俄亥俄州立大学等机构。在前 20 的主要发文机构中 8 个机构为美国所属；3 个机构为中国所属，分别为中国科学院、中国海洋大学和国家海洋局；3 个机构为法国所属；加拿大、德国、西班牙、日本、澳大利亚、俄罗斯国家所属机构均为 1 个。

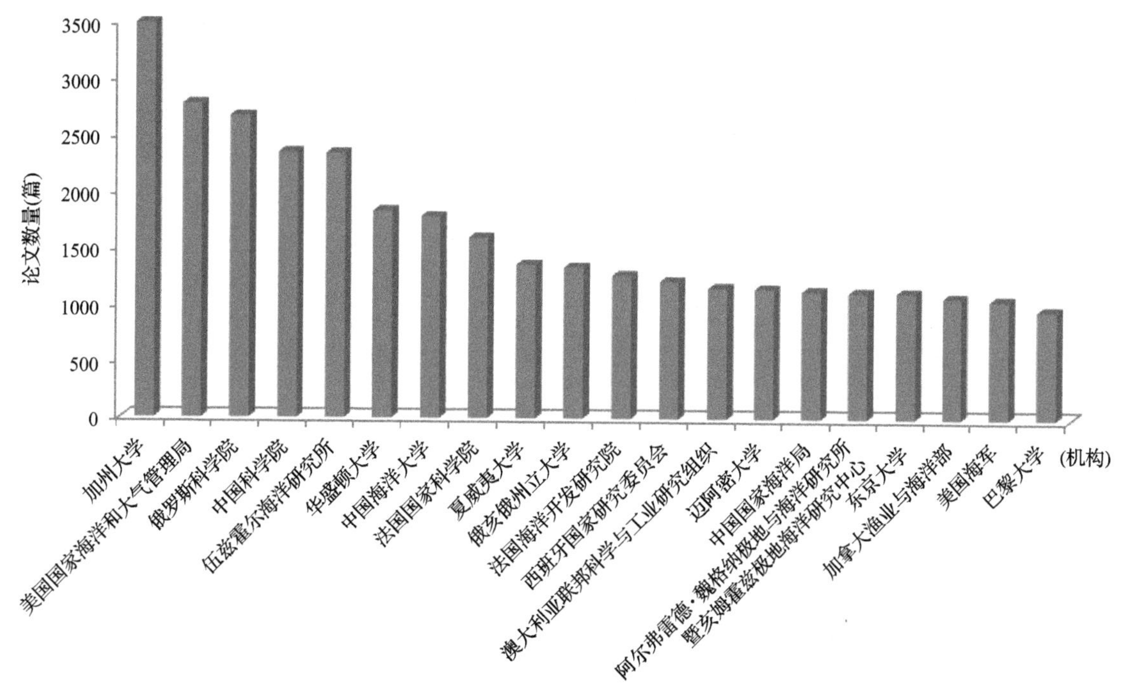

图 6-2　2001～2016 年全球海洋领域前 20 的机构发表的 SCI 论文数量

2001～2016 年，全球海洋领域前 20 的机构发表的 SCI 论文数量的年度变化情况如图 6-3 所示，中国机构在最近 3 年的发文量占主要优势。2016 年，夏威夷大学、西班牙国家研究委员会和阿尔弗雷德·魏格纳极地与海洋研究所暨亥姆霍兹极地海洋研究中心(AWI)的发文量相对较少。

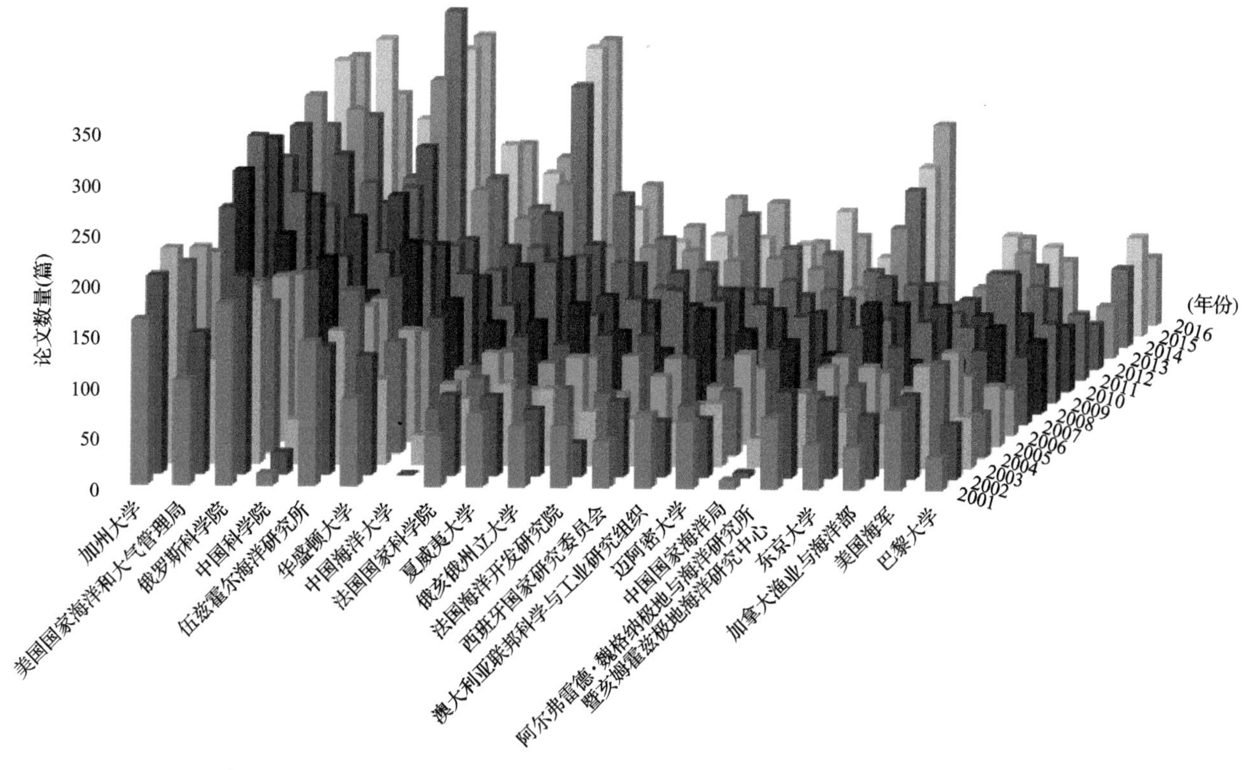

图 6-3　2001～2016 年全球海洋领域前 20 的机构发表的 SCI 论文数量年度变化

Web of Science（WOS）数据库中收录的每一条记录均包含了其来源出版物所属的学科类别，共覆盖 252 个学科类别。根据检索式在 Web of science 数据库中检索到的海洋领域 SCI 论文共涉及 24 种学科类别，表明海洋科学研究涉及众多学科领域且学科之间交叉频繁。在研究成果中涉及较多的学科领域是与海洋生物、海洋工程、海洋地球化学、渔业、环境、地质及采矿等相关的领域（表 6-1）。

表 6-1　2001～2016 年全球海洋科技论文 SCI 的学科分布及论文数量

序号	WOS 学科分类/英文	WOS 学科分类/中文	论文数量（篇）
1	Oceanography	海洋学	86 931
2	Engineering, Ocean	海洋工程	28 562
3	Marine & Freshwater Biology	海洋与淡水生物学	28 493
4	Engineering, Civil	土木工程	13 992
5	Meteorology & Atmospheric Sciences	气象学与大气科学	9 409
6	Ecology	生态学	8 916
7	Geosciences, Multidisciplinary	地球交叉科学	8 284
8	Limnology	湖沼学	7 174
9	Fisheries	渔业学	6 958
10	Water Resources	水资源学	4 337
11	Engineering, Mechanical	机械工程	2 485
12	Chemistry, Multidisciplinary	化学交叉科学	1 535
13	Geochemistry & Geophysics	地球化学与地球物理学	1 344
14	Paleontology	古生物学	1 280
15	Engineering, Electrical & Electronic	电子与电气工程	1 153
16	Engineering, Multidisciplinary	工程交叉科学	858
17	Environmental Sciences	环境科学	541
18	Mechanics	力学	541
19	Engineering, Geological	地质工程	429
20	Mining & Mineral Processing	采矿与选矿	429
21	Remote Sensing	遥感	422
22	Zoology	动物学	199
23	Energy & Fuels	能源和燃料	92

二、EI 论文快速增长

2001～2016 年全球海洋领域 EI 论文数量年度变化如图 6-4 所示，由于数据库收录论文存在时滞（会议录和学位论文的收录时滞更大），因而近几年发表的论文收录不全。从 2001～2012 年来看，海洋研究领域 EI 论文数量呈现快速增长趋势，2012 年论文数是 2001 年的 5 倍以上。

图 6-5 统计了全球海洋领域 EI 论文产出最多的 15 个机构的发文量。中国科学院 EI 论文产出数量位居全球首位，此外，中国还有哈尔滨工程大学、大连理工大学和中国海洋大学等 3 个机构也进入了全球发文最多的前 15 个机构中。

图 6-6 统计了海洋相关领域主题分类中 EI 论文数量最多的 15 个类目，主要分布在舰艇，海洋学

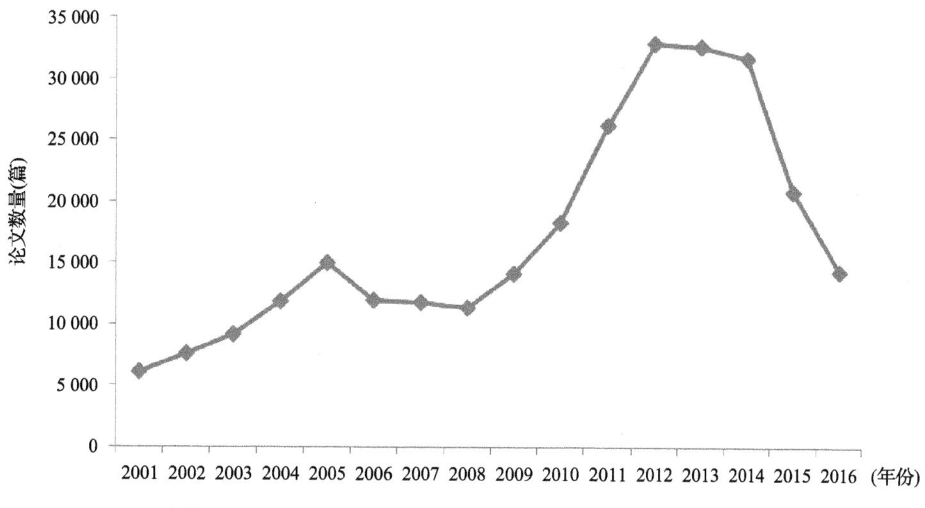

图 6-4　2001～2016 年全球海洋领域 EI 论文数量年度变化

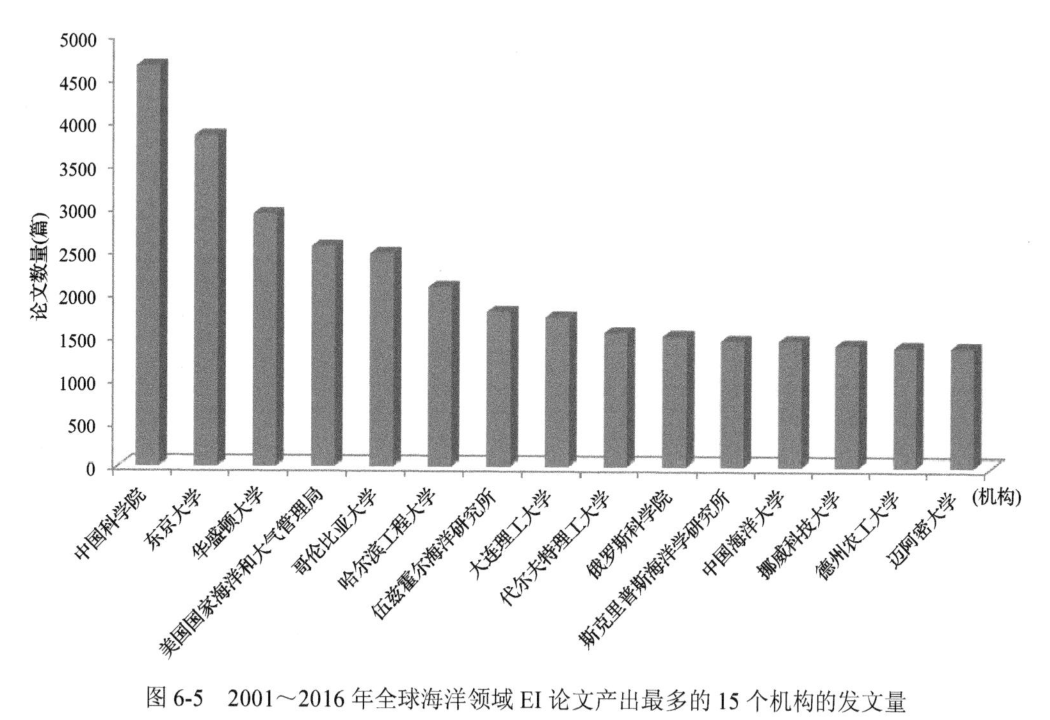

图 6-5　2001～2016 年全球海洋领域 EI 论文产出最多的 15 个机构的发文量

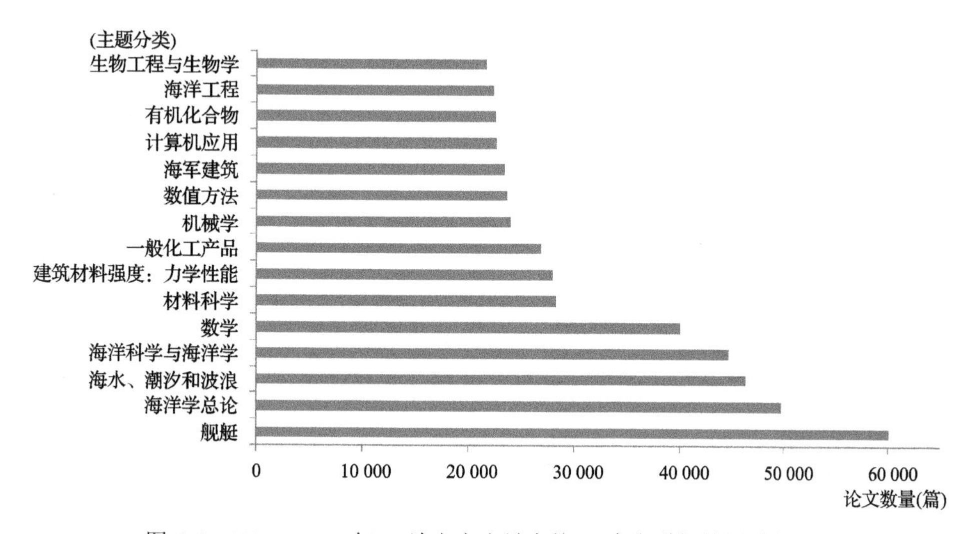

图 6-6　2001～2016 年 EI 论文产出最多的 15 个海洋相关领域发文量

总论，海水、潮汐和波浪，海洋科学与海洋学等领域。从学科领域分布来看，大量研究与数学、材料科学、力学、化学、生物工程与生物学、计算机应用等有关。

发表海洋相关领域 EI 论文的期刊分布非常广泛。图 6-7 统计了 2001～2016 年海洋相关领域发表 EI 论文最多的 15 个期刊，这 15 个期刊发表的 EI 论文数仅占海洋相关论文总数的 9.94%。

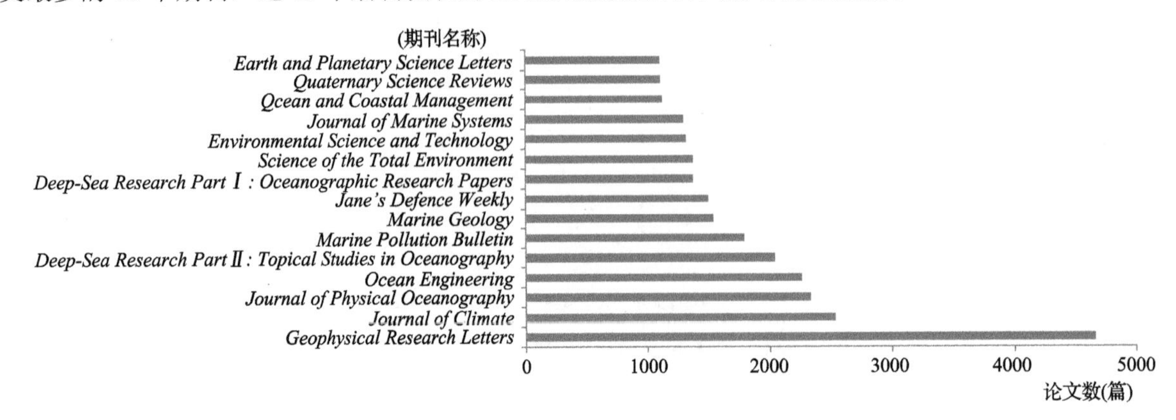

图 6-7　2001～2016 年海洋相关领域发表 EI 论文最多的期刊的发文量

会议和会议 EI 论文是了解海洋领域国内外研究进展的重要渠道。图 6-8 统计了收录海洋相关论文最多的 15 个会议录的发文数。以海洋为主题的国际会议主要有：International Conference on Offshore Mechanics and Arctic Engineering、International Offshore and Polar Engineering Conference、International Conference on Port and Ocean Engineering under Arctic Conditions、The ISOPE Ocean Mining Symposium。此外还有一些国家和地区会议，如 Annual Offshore Technology Conference、The Coastal Engineering Conference 等。

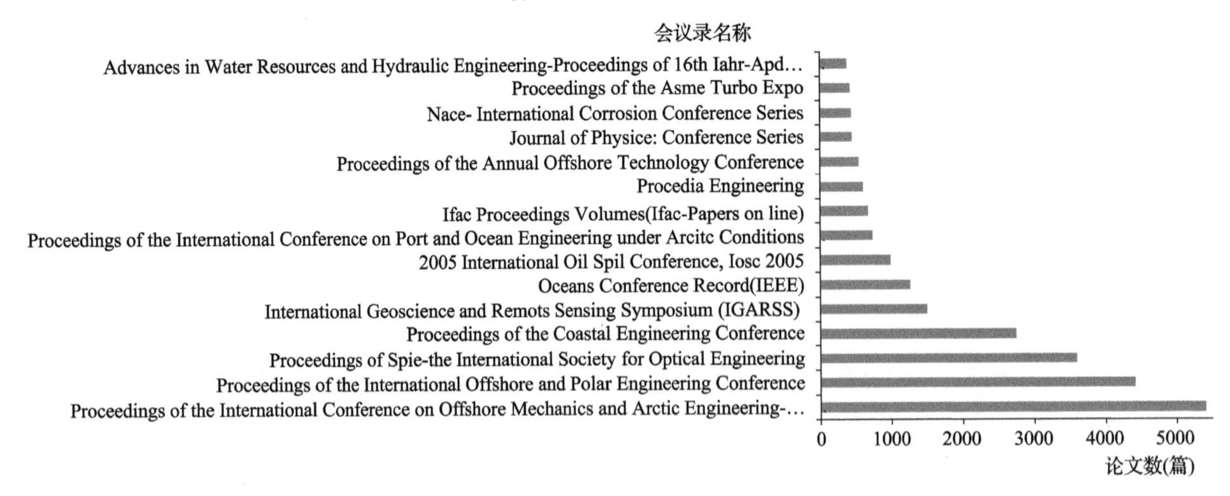

图 6-8　2001～2016 年发表 EI 论文最多的 15 个会议录的发文量

第二节　国家实力对比分析

一、基于 SCI 论文的分析

根据 WOS 数据库 2001～2016 年论文统计总量，遴选出全球海洋领域 SCI 发文量前 15 位的国家，如图 6-9 所示。美国占据绝对优势，其次为中国(包含台湾)和英国，发文数量均在 9500 篇以上，前 15 位的其他国家分别为澳大利亚、法国、德国、加拿大、日本、西班牙、俄罗斯、意大利、挪威、荷兰、印度和韩国。

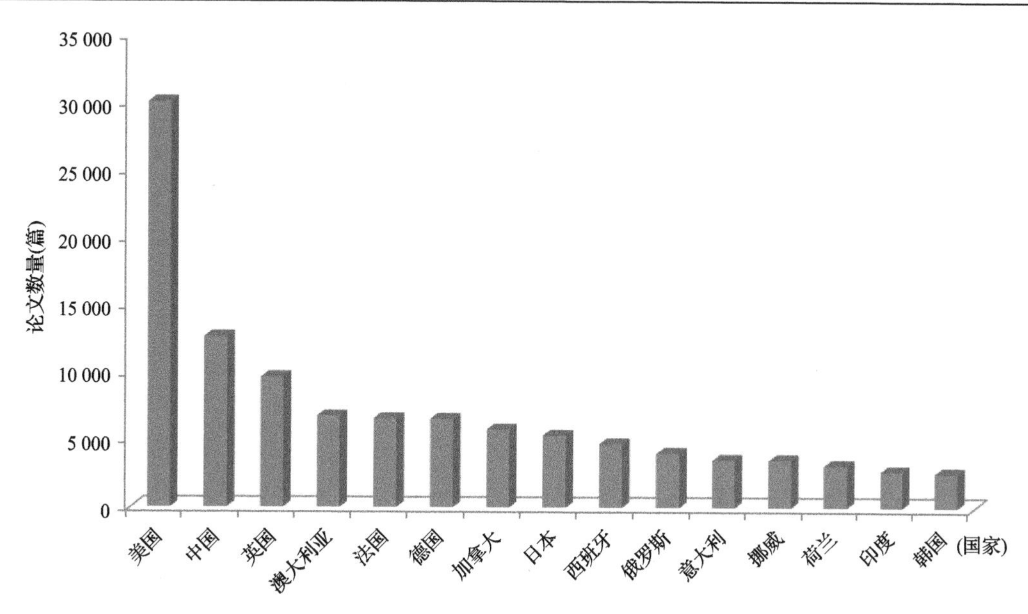

图 6-9　2001～2016 年全球海洋领域 SCI 论文前 15 位国家的总发文量

图 6-10 为 2001～2016 年海洋领域 SCI 发文量前 15 的国家的年度发文情况，美国呈现稳定增长趋势，中国呈现明显增长趋势，尤其是最近 3 年(2014～2016 年)占绝对优势，英国、澳大利亚、法国和德国的变化趋势相对稳定。

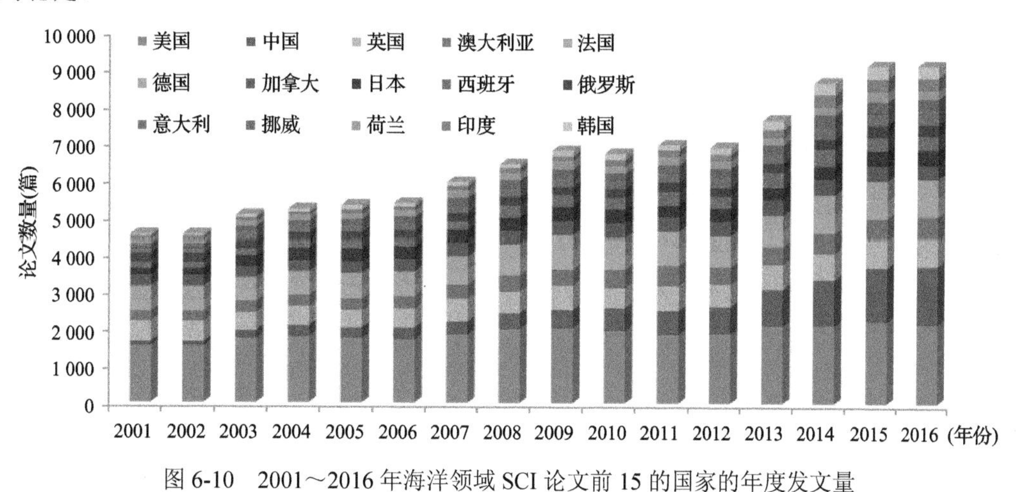

图 6-10　2001～2016 年海洋领域 SCI 论文前 15 的国家的年度发文量

以 WOS 数据库为数据源，统计全球海洋领域 SCI 发文量前 15 的国家的科研影响力及产出效率，包括论文总被引频次、篇均被引频次、未被引论文数量及其占比、H 指数、近 3 年发文量及其占比，如表 6-2 所示。

表 6-2　2001～2016 年全球海洋领域 SCI 论文的影响力及产出效率指标统计

序号	国家	论文数量(篇)	篇均被引频次(次/篇)	总被引频次(次/篇)	近 3 年发文量(篇)	近 3 年发文占比(%)	未被引论文数量(篇)	未被引论文占比(%)	H 指数
1	美国	30 104	24.90	749 591	6 424	21	1 794	6	203
2	中国	12 672	9.00	114 098	4 282	34	2 132	17	190
3	英国	9 670	22.88	221 292	2 179	23	416	4	132
4	澳大利亚	6 769	21.67	146 653	1 758	26	264	4	116
5	法国	6 585	24.26	159 731	1 547	23	201	3	118
6	德国	6 555	24.45	160 271	1 533	23	243	4	129

续表

序号	国家	论文数量（篇）	篇均被引频次（次/篇）	总被引频次（次/篇）	近 3 年发文量（篇）	近 3 年发文占比（%）	未被引论文数量（篇）	未被引论文占比（%）	*H* 指数
7	加拿大	5 772	22.97	132 575	1 236	21	293	5	115
8	日本	5 338	16.96	90 506	1 115	21	376	7	95
9	西班牙	4 735	20.30	96 109	1 254	26	195	4	96
10	俄罗斯	4 028	7.77	31 291	870	22	809	20	59
11	意大利	3 524	20.85	73 467	969	27	185	5	91
12	挪威	3 520	20.52	72 229	973	28	197	6	94
13	荷兰	3 118	25.96	80 945	710	23	111	4	103
14	印度	2 698	7.79	21 025	1 035	38	654	24	51
15	韩国	2 577	9.33	24 035	966	37	415	16	53

从主要国家科研影响力来看，论文总被引频次最高的为美国，其次为英国、德国、法国、澳大利亚、加拿大。我国尽管论文总量排名第二位，但是论文总被引频次却排名第七位。从主要国家海洋领域的 SCI 论文篇均被引频次看，荷兰最高，约为 26 次/篇，美国、德国、法国均为 24 次/篇以上，中国排名第 18 位。被引频次偏低一般归因于论文影响力不足或者论文多为近几年发表造成影响周期滞后等。例如，中国近 3 年 SCI 发文量占全球的比重为 34%，这可能是造成篇均被引频次较低的一个重要原因。从未被引论文数量看，中国最多；从未被引论文占国家全部发文量的比重来看，法国最少，约为 3%，其次为英国、澳大利亚、德国、西班牙和荷兰，中国为 17%，排名第 18 位。

H 指数可用于评估一个国家的科研论文影响力，因为 *H* 指数同时关注论文被引数量和被引频次指标，*H* 指数与总被引频次、论文被引数量具有较强的正相关关系。国家 *H* 指数，主要是指在一个国家发表的 N_P 篇论文中，如果有 *H* 篇论文的被引频次都大于等于 *H*，而其他 (N_P-H) 篇论文的被引频次都小于 *H*，那么该国家的科研成就的指数值为 *H*。在前 15 的主要国家中，美国、中国、英国和德国的 *H* 指数较高，表明这些国家在海洋领域中的科研成就较为突出。

从主要国家的科技产出效率指标看，最近 3 年发表论文较多的国家为美国、中国、英国和澳大利亚。从近 3 年发文数量占据所有统计年份数量的比重看，中国、印度和韩国均超过了 30%，表明这些国家海洋创新正在崛起。

二、基于 EI 论文的分析

2001～2016 年全球海洋领域发表 EI 论文最多的 10 个国家如图 6-11 所示。美国最多，中国紧随其后，两国发文量占全球发文量的 40%左右，是海洋领域 EI 论文产出最主要的 2 个国家。

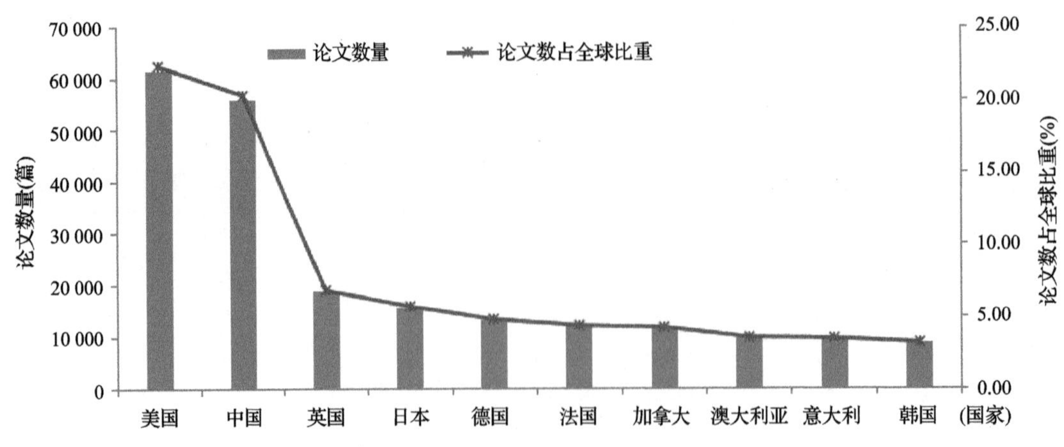

图 6-11　2001～2016 年全球海洋领域发表 EI 论文最多的 10 个国家发文量及其占全球的比重

图 6-12 统计了海洋领域 EI 发文量前 10 国家的论文数量年度变化，中国和美国近年来的年度增长幅度远高于其他国家。自 2011 年以来，中国发文量增长尤其迅速，产出量已超过美国，位居全球首位。

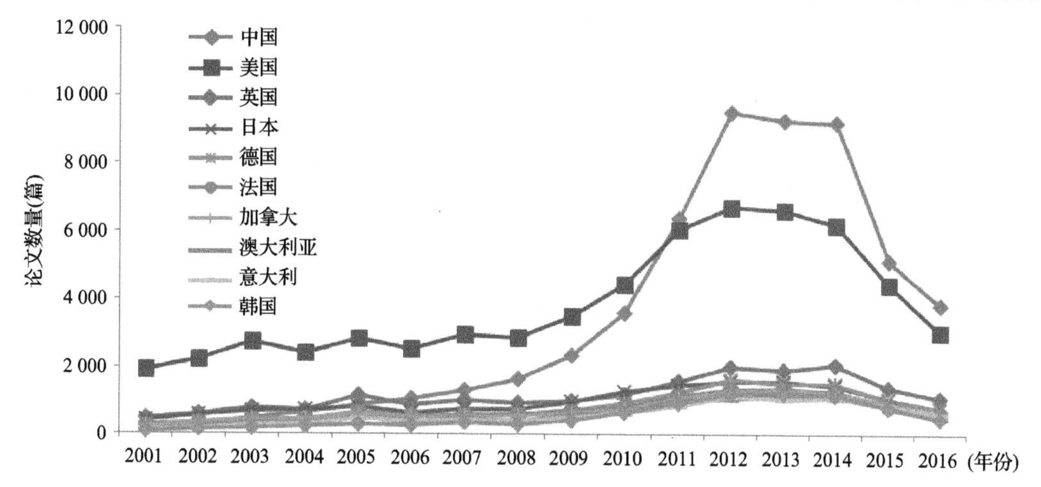

图 6-12　2001～2016 年海洋领域发表 EI 论文最多的 10 个国家的论文数量年度变化趋势

第三节　海洋领域专利技术成果分析

一、国际总体研发格局

在 DII（Derwent Innovations Index）数据库中检索 2001～2016 年海洋专利数据，如图 6-13 所示，中国专利申请数量位居第一，遥遥领先其他国家、地区及专利组织，与韩国、日本、美国和世界知识产权组织国际局的合计数量相当。

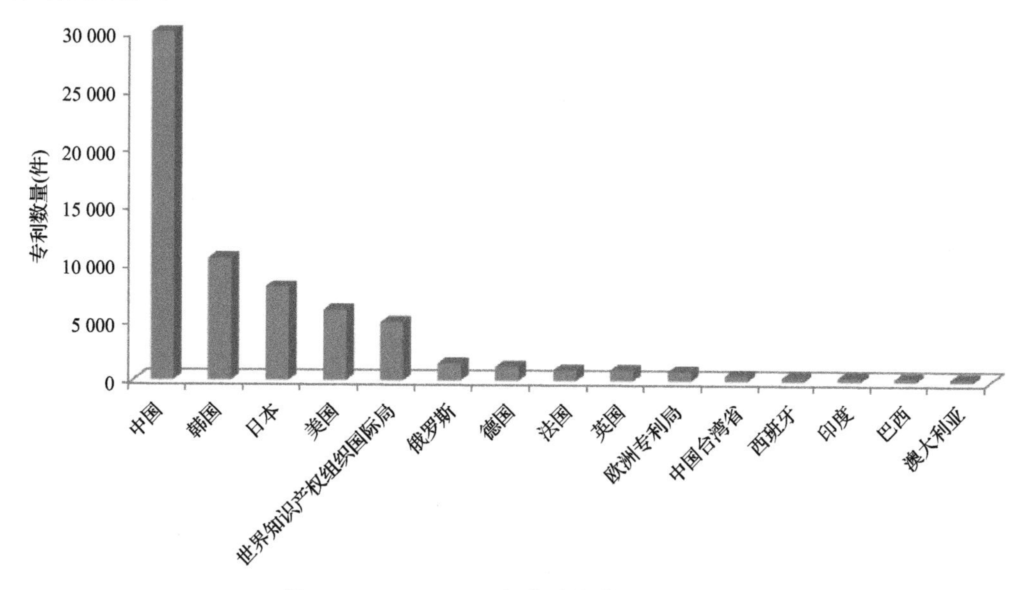

图 6-13　2001～2016 年全球海洋专利申请分布

为了更加清晰客观地反映专利申请的状况，中国台湾省单列

中国与世界海洋专利数量增长态势基本一致，如图 6-14 所示，占世界比例稳步增长，从 2001 年的 5.4% 增大至 2016 年 84.4%（包含多国合作专利）。

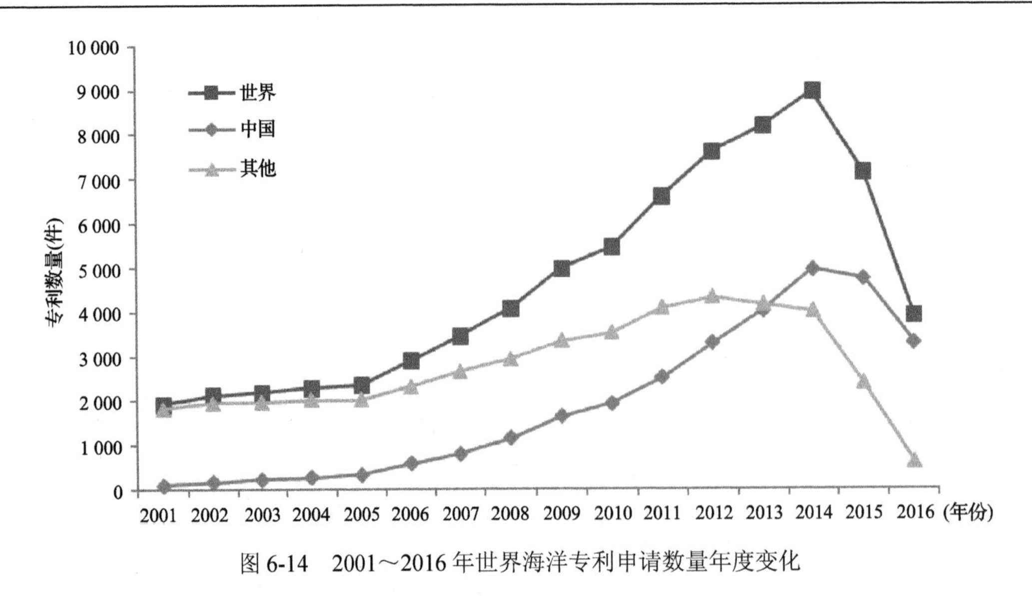

图 6-14　2001～2016 年世界海洋专利申请数量年度变化

世界海洋专利申请人逐年增多，如图 6-15 所示，由 2001 年的不足 1000 人增加到 2015 年的 5757 人，海洋产业参与人数增量接近 5 倍，表明海洋产业逐渐壮大。

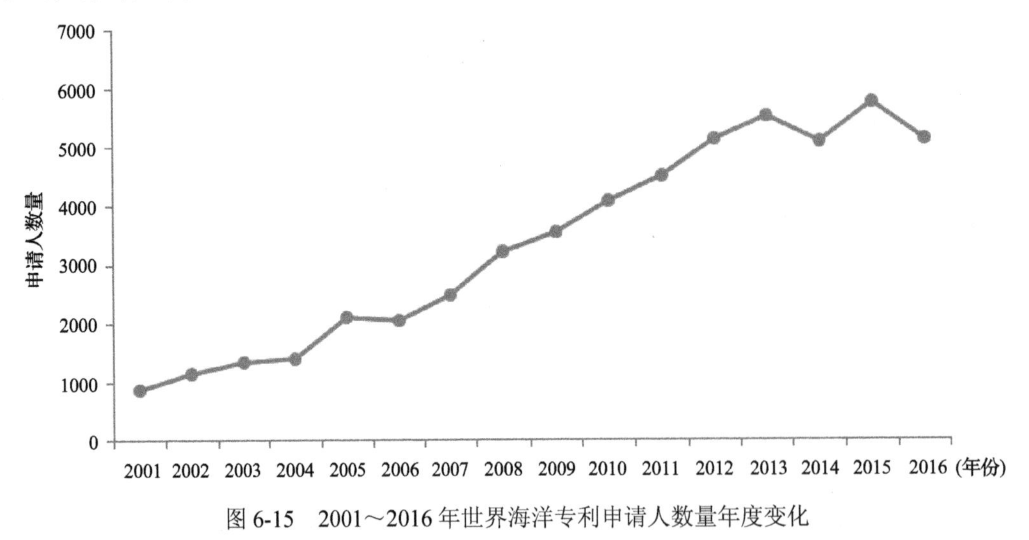

图 6-15　2001～2016 年世界海洋专利申请人数量年度变化

世界海洋专利申请机构也逐年增多，如图 6-16 所示，由 2001 年 949 家增长至 2016 年的 3178 家。

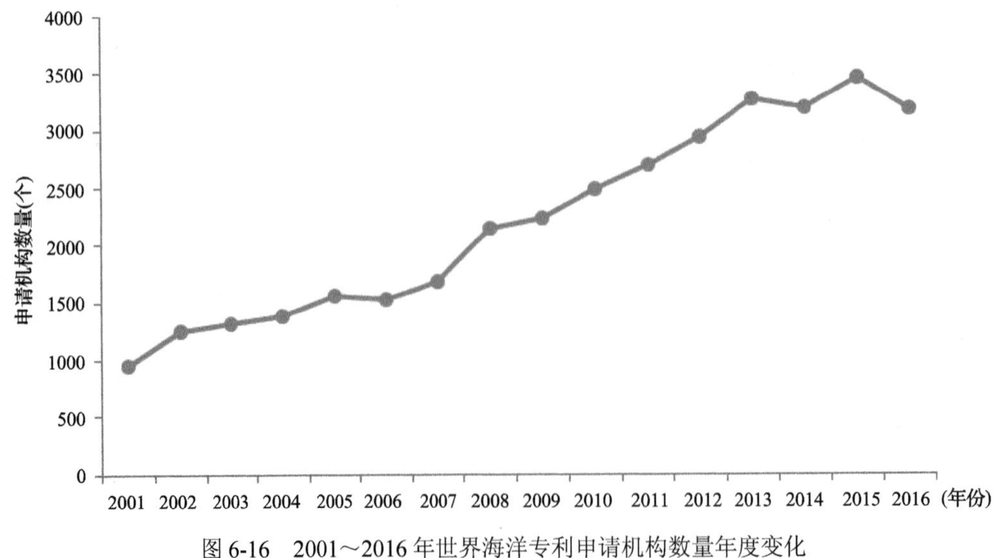

图 6-16　2001～2016 年世界海洋专利申请机构数量年度变化

2001～2016 年世界海洋专利申请主要机构如图 6-17 所示，中国有 5 家机构位列前 15 位中，分别是中国海洋石油有限公司、浙江海洋大学、中国海洋大学、浙江大学和大连海洋大学。

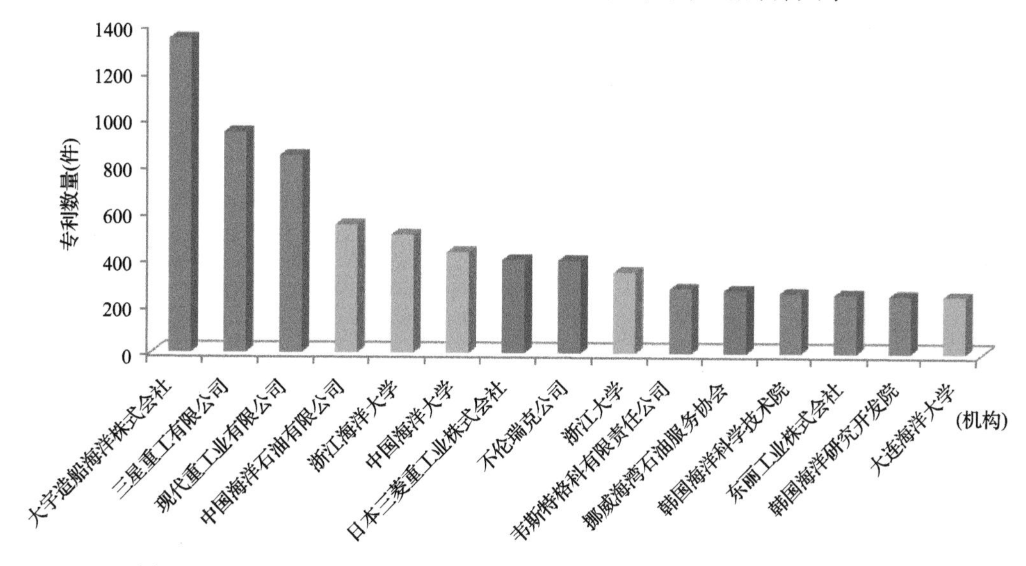

图 6-17 2001～2016 年世界海洋专利申请前 15 位的机构专利申请数量比较

如图 6-18 所示，世界海洋专利 IPC 分类前 15 位的专利分别是：B63B（船舶或其他水上船只；船用设备）、C02F（污水、污泥污染处理）、A01K（畜牧业；禽类、鱼类、昆虫的管理；捕鱼；饲养或养殖其他类不包含的动物；动物的新品种）、A23L（不包含在 A21D 或 A23B～A23J 小类中的食品、食料或非酒精饮料）、A61K（医学用配置品）、E02B（水利工程）、F03B（液力机械或液力发动机）、B01D（分离）、A61P（化合物或药物制剂的治疗活性）、B63H（船舶的推进装置或操舵装置）、E21B（土层或岩石的钻进）、G01N（借助测定材料的化学或者物理性质来测试或分析材料）、G01V（地球物理；重力测量；物质或物体的探测；示踪物）、E02D（基础；挖方；填方；地下或水下结构物）、G01S（无线电定向；无线电导航；采用无线电波测距或测速；采用无线电波的反射与再辐射的定位或存在检测；采用其他波的类似装置）。

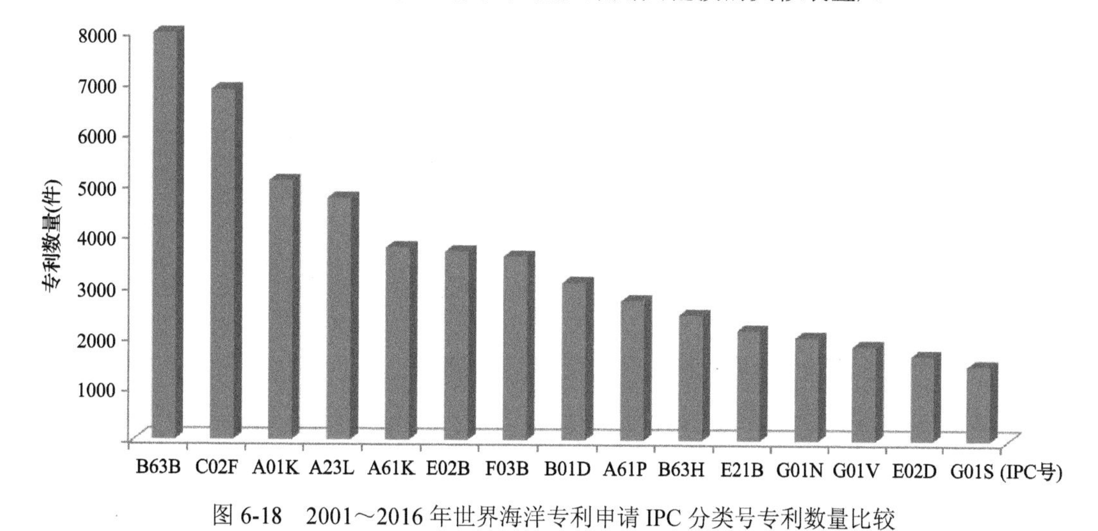

图 6-18 2001～2016 年世界海洋专利申请 IPC 分类号专利数量比较

二、国家技术研发实力比较

对专利申请量排名前 15 位的国家和地区进行比较分析，发现中国专利数量增长优势明显，如图 6-19 所示。中国自 2006 年专利数量飞速上升以来，一直位于世界前列，并且超出其他国家的数量越来越大。这表明中国近年来海洋产业逐渐增多，其可能与国家专利扶持政策有关。

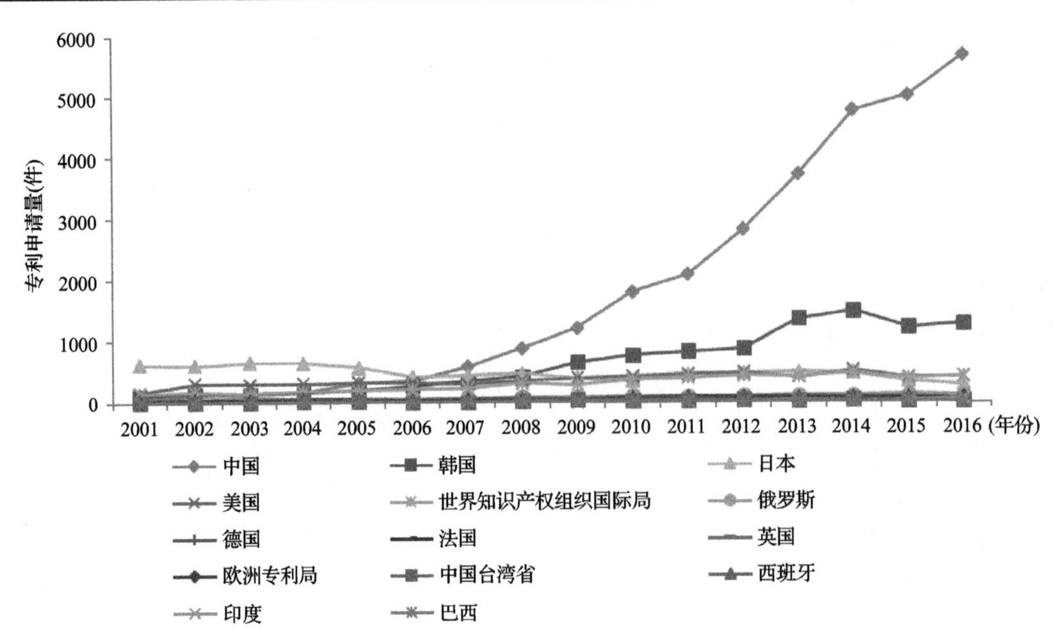

图 6-19　2001～2016 年专利申请量(排名前 15)年度数量变化

为了更加清晰客观地反映专利申请的状况，中国台湾省单列

在近 3 年专利数量占比中，中国占比超过一半，如图 6-20 所示，随后是韩国和印度占比较高，在 38%左右。

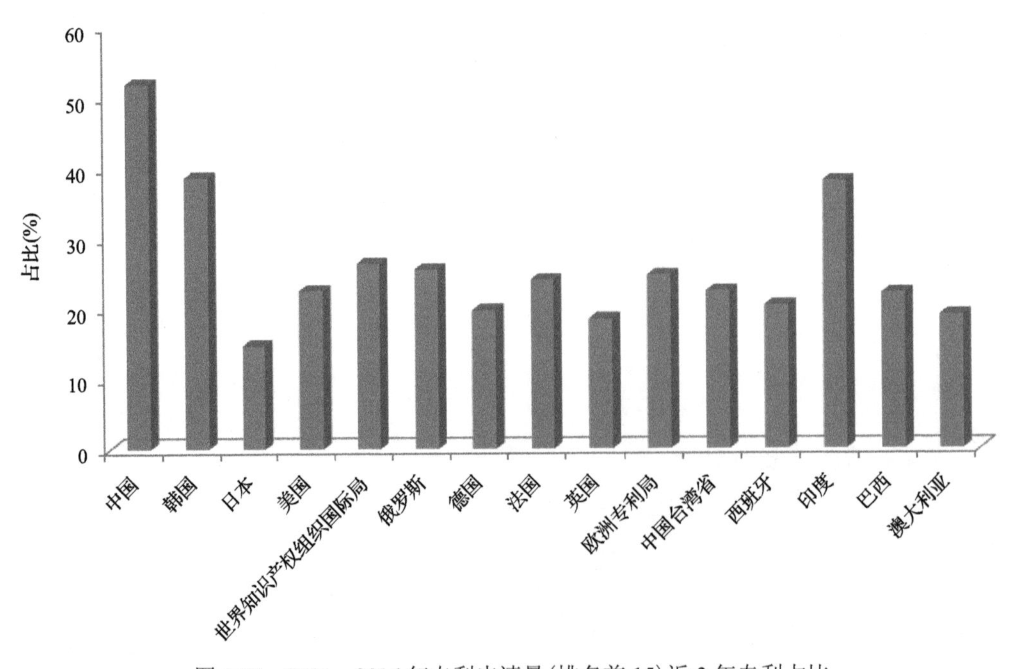

图 6-20　2001～2016 年专利申请量(排名前 15)近 3 年专利占比

为了更加清晰客观地反映专利申请的状况，中国台湾省单列

第七章　国际海洋科技研究态势专题分析

据保守估计，全球主要的海洋资源价值至少达 24 万亿美元，相当于全球“第七大经济体”。海洋对于全球社会经济发展的作用不言而喻。海洋科学研究和技术研发是驱动海洋发展的主要动力。

在 2017 年度全球海洋科技监测信息中，选取了若干战略规划及政策性报告与代表性研究成果，对近期海洋研究热点及未来发展态势进行了梳理和分析。

总体来看，2017 年国际海洋科技领域继续延续了过去几年的稳定发展态势，并有以下 4 个特点：以海洋资源可持续利用为目标；以重要海洋发展问题为导向；以大型科技战略计划统领全局；海洋强国和国际组织占据主导。

第一节　重要政策及战略规划

重要政策及战略规划可以为未来全球海洋科技的发展提供方向指引，对于了解全球海洋发展态势具有重要意义。2017 年，国际组织和各主要海洋国家新推出了若干研究规划和计划，布局相关研究活动。

一、联合国

以联合国下属机构为代表的国际组织围绕“人类共同福祉”开展相关布局，重点关注领域包括：生态环境保护、海洋资源可持续利用、海洋垃圾污染问题、北极地区环境变化问题、海洋可再生能源问题等。

2017 年 3 月，联合国教育、科学及文化组织（United Nations Educational，Scientific and Cultural Organization，UNESCO）与欧洲委员会共同发布《加快国际海洋空间规划进程的联合路线图》[①]，阐述到 2030 年联合国机构与成员国在海洋空间规划方面的共同目标、建议和优先发展方向。

联合国开发计划署（United Nations Development Programme，UNDP）于 2017 年 6 月连续发布 3 份报告，对全球海洋环境、资源开发和空间规划等活动进行总体规划：《UNDP 39 项发展计划与愿景》报告[②]从全球、区域、国家和地方层面上，为应对各种海洋生态环境问题做了详细部署与指导规划；《弄潮：社区推动海洋可持续发展》[③]关注社区层面的海洋生态环境保护与海洋资源可持续利用；《海洋，我的生命：海洋保护服务未来可持续发展》[④]关注国家层面的海洋生态环境保护与全球可持续发展间的关系，提升海洋保护区面积比例，开展有效的海洋保护区治理。

北极问题研究方面，2017 年 4 月，世界自然保护联盟（International Union for Conservation of Nature，IUCN）等联合发布《北冰洋海洋世界自然遗产：专家研讨会和审查过程报告》[⑤]，对北极世界海洋自然遗产的现状、北冰洋可申请世界遗产的海洋生态区、《世界遗产公约》缔约方保护北极自然遗产的措施等进行了详细分析，指出海冰融化使以前不能到达的北极区域向外界开放，目前北冰洋迫切需要保护。报告识别出 7 个位于北冰洋的可能有资格申请世界遗产的海洋生态区，并针对保护工作提出了建议。2017 年

---

① Mapping Priorities and Actions for Maritime/Marine Spatial Planning Worldwide: a Joint Roadmap. http://www.unesco.org/new/en/natural-sciences/ioc-oceans/single-view-oceans/news/mapping_priorities_and_actions_for_maritimemarine_spatial_p/

② The Call for Action to Address the Key ocean challenges provides a robust, forward-looking framework for action. http://www.undp.org/content/undp/en/home/presscenter/pressreleases/2017/06/12/the-call-for-action-to-address-the-key-ocean-challenges-provides-a-robust-forward-looking-framework-for-action.html

③ Making Waves: Community Solutions, Sustainable Oceans. http://www.undp.org/content/undp/en/home/librarypage/poverty-reduction/equator-initiative/making-waves--community-solutions--sustainable-oceans.html

④ Sea, My Life: Protecting Ocean, Sustaining our Future. http://www.undp.org/content/undp/en/home/librarypage/poverty-reduction/sea--my-life--protecting-oceans-sustaining-our-future.html

⑤ Natural Marine World Heritage in the Arctic Ocean: Report of an Expert Workshop and Review Process. https://portals.iucn.org/library/sites/library/files/documents/2017-006.pdf

5 月，世界气象组织（World Meteorological Organization，WMO）发布《“极地预测年”（YOPP）行动计划》[①]，协调密集观测、模拟、检验、用户参与和教育活动，并分析了改进极地海冰和气候系统预报等问题，为未来两年的极地研究设定了主要目标。2017 年 4 月，北极监测与评估计划（AMAP）组织发布《北极地区雪、水、冰及多年冻土》[②]，分析了北极冰冻圈变化及其影响，指出：①北极气候进入一个新常态；②北极气候变化在持续加快；③北极变暖已经影响到了气候系统，因此，北极地区的变化至少会持续到 21 世纪中叶；④大幅削减全球温室气体排放可以在 21 世纪中叶后产生稳定影响；⑤适应性政策可减少北极地区的脆弱性；⑥有效的减缓和适应政策需要对北极气候变化有着深刻的理解。

2017 年 1 月，亚洲开发银行（Asian Development Bank，ADB）发布题为《海平面上升对亚洲发展中国家经济增长的影响》[③]的报告，评估了海平面上升（sea level rise，SLR）对亚洲发展中国家经济增长的影响及其适应成本，为这些国家响应全球 SLR 提出了“撤退策略”“适应策略”和“保护策略”3 种适应策略并给出了政策建议。评估结果显示：①到 2100 年，各国的国内生产总值（GDP）的损失值是 0.3%～9.3%；②到 2050 年，各国的气候变化适应成本将占 GDP 的 16%左右。

2017 年 3 月，国际海洋能源系统（Ocean Energy System，OES）组织发布《国际海洋能源愿景》[④]，阐述了发展海洋能源技术应满足的条件、开发活动的注意事项、成本降低途径、主要技术开发领域等，报告指出海洋能源开发的主要技术开发领域包括：①结构和能源聚合；②基础平台和锚系技术；③动力输出装置和控制系统；④阵列系统和水下连接技术；⑤安装、操作维修和恢复。报告预测到 2050 年海洋能源部门投资将达到 350 亿美元，将具备 30 万 MW 的发电能力，可以创造 68 万个就业岗位，减少 5 亿 t 二氧化碳（CO_2）排放量。

2017 年 9 月，二十国集团（G20）发布《G20 海洋垃圾行动计划》[⑤]，提出减少海洋垃圾优先考虑的领域和潜在的政策措施包括：①促进海洋垃圾防治政策的社会经济效益；②促进废物的预防和提高资源效率；③促进可持续废物管理；④促进有效的废水处理和暴雨管理；⑤提高认识，促进教育和研究；⑥支持清除和整治行动；⑦加强利益相关者的参与。

二、美国

北极是美国近两年来着力关注的区域。2017 年 7 月，美国国家研究理事会（National Research Council，NRC）发布《满足国家需求的极地破冰船的获取和运行》[⑥]，分析了美国破冰船的使命、目前的破冰能力、现在和未来需求，指出：美国缺乏足够的破冰能力，也没有足够的资产保护其在极地的利益；在制定其独立概念设计和成本估算时，委员会确定 USCG（美国海岸警卫队）对重型破冰船的成本估计是合理的；新型极地破冰船的运营成本预计将低于其替代船舶的运营成本；美国面临着失去其极地破冰能力的严重危险。

2017 年 3 月，美国外交关系委员会（Council on Foreign Relations，CFR）发布《北极规则：加强美国第四海岸战略》[⑦]，列出了美国在北极的 6 个主要目标：①通过批准《联合国海洋法公约》（United Nations Convention on the Law of the Sea，UNCLOS），确保美国在扩大的大陆架上的权利可能超过 38.6 万 mi^2[⑧]的海底资源；②资助 6 艘由美国海岸警卫队经营的破冰船，保证有 3 艘在极地地区运作；③改善阿拉斯加的通讯、能源和其他基础设施；④通过北极理事会，加深与北极国家的相互信任和确保合作安全；⑤支持北极民众的可持续发展；⑥提供充足的研究经费，以研究北极地区的变化及其对全球的影响。

---

① Launch of the Year of Polar Prediction – from Research to Improved Environmental Safety in Polar Regions and Beyond. http://www.polarprediction.net/yopp-media-kit/

② Snow, Water, Ice and Permafrost in the Arctic. http://www.amap.no/documents/doc/Snow-Water-Ice-and-Permafrost -Summary-for-Policy-makers/1532

③ Impacts of Sea Level Rise on Economic Growth in Developing Asia. https://www.adb.org/publications/sea-level-rise-economic-growth-developing-asia

④ An International Vision for Ocean Energy. https://www.ocean-energy-systems.org/documents/24845-oes-vision-2017.pdf/

⑤ G20 Adopts T20 Recommendations on Plastics and Marine Litter. https://ieep.eu/news/g20-adopts-t20-recommendations-on-plastics-and-marine-litter

⑥ Acquisition and Operation of Polar Icebreakers: Fulfilling the Nation’s Needs. https://www.nap.edu/download/24834#

⑦ Arctic Imperatives:Reinforcing U.S. Strategy on America’ s Fourth Coast. http://www.cfr.org/arctic/arctic-imperatives/p38868?cid=otr-marketing_use-ArcticImperatives/

⑧ $1mi^2$=2.589 988km^2

2017年1月，美国国际战略与研究中心（Center for Strategic and International Studies，CSIS）发布《中美在北极的关系：未来合作路线图》①，分析了中美北极合作的潜在机遇、未来治理、合作趋势、科学合作和中美对话，指出中美在北极气候变化、基础设施建设、北极能源合作和北极土著问题等方面具有合作潜力。同时，美国和欧盟联合发布《南极海洋保护区建设计划》②，指出美国和欧盟的24个成员国同意在南极罗斯海建立全球最大的海洋保护区。

自特朗普执政以来，美国对海洋资源能源的勘探开发呈现出渐趋开放的姿态。2017年4月，美国总统执行办公室（Executive Office of the President，EOP）发布《扩大海上石油钻探活动的行政令》③，指出将扩大海洋石油钻探，开放大西洋、太平洋和部分北极地区及墨西哥湾等。2017年4月，美国总统执行办公室发布《美国优先海上能源战略》④，指出将制定新的近海能源勘探开发五年规划，重新考虑行业规定。该战略有助于巩固美国作为全球能源领导者的地位，促进能源独立和安全，确保能源发展的安全与环保。新的外大陆架租赁五年计划，将充分考虑阿拉斯加外大陆架、大西洋中南部及墨西哥湾地区，加强美国海洋能源管理局与商务部国家海洋渔业局的合作，缩减对地震勘探的授权流程，鼓励将资源丰富且能够支持能源开发的地区，纳入到新的五年计划中。2017年9月，美国海洋能源局（Bureau of Ocean Energy Management，BOEM）、美国地质调查局（United States Geological Survey，USGS）及美国国家海洋和大气管理局（National Oceanic and Atmospheric Administration，NOAA）发布《深海研究计划》⑤，布局美国东南沿海深海资源的勘探开发。科学家们将对大西洋南半球的深海珊瑚、峡谷和气体渗透生态系统进行为期四年半的深海研究，该项目由海洋能源管理局（BOEM）、美国地质调查局（USGS）及美国国家海洋和大气管理局（NOAA）联合开展，旨在探明美国东南沿海深水区鲜为人知的自然资源。研究人员分别来自国家海洋学伙伴关系计划（National Oceanography Partnership Program，NOPP）、TDI-Brooks国际有限责任公司（BOEM的总承包商）、USGS和其他7个学术机构。

三、欧洲

海洋可持续发展方面。2017年11月，英国政府发布“蓝带”计划⑥，计划为海外领土（主要是岛屿）的海洋环境提供长期保护。

北极研究方面。2017年4月，欧洲议会发布《保护北极生态环境的决议》，呼吁欧盟成员国采取有效措施保护北极脆弱的生态环境，保持北极地区低紧张态势及加强北极国际合作等⑦。2017年11月，瑞典斯德哥尔摩环境研究所等发布《北极适应力报告2016》⑧，探讨正确认识北极变化、应对北极变化和提升北极适应力的方法。

在海洋技术创新方面。2017年6月，爱尔兰海洋研究所发布《国家海洋研究和创新战略（2017—2021）》⑨，阐明了爱尔兰海洋研究和创新战略的关键实施行动，该战略主要有3个目标：①提高所有海洋研究计划主题的研究能力；②研究经费的资助重点与爱尔兰国家政策和各部门计划相匹配；③在资助海洋研究方面与其他国家海洋研究保持一致。

---

① U.S.-Sino Relations in the Arctic：A Roadmap for Future Cooperation. https://csis-prod.s3.amazonaws.com/s3fs-public/publication/170127_Conley_USSinoRelationsArctic_Web.pdf?Ri2iQmeBhGEHKyPQg0SnyeA8U0a0xeDN

② World's Largest Marine Protected Area Declared in Antarctica. http://www.marine.ie/Home/site-area/news-events/news/worlds-largest-marine-protected-area-declared-antarctica

③ Trump Signs Executive Order On Offshore Drilling And Marine Sanctuaries. http://policy.oceanleadership.org/ trump-signs-executive-order-offshore-drilling-marine-sanctuaries/

④ Secretary Zinke Signs Orders Implementing America-First Offshore Energy Strategy. https://www.doi.gov/ pressreleases/secretary-zinke-signs-orders-implementing-america-first-offshore-energy-strategy

⑤ Federal Ocean Partnership Launches DEEP SEARCH Study of Coral, Canyons, and Seeps Off the Mid- and South Atlantic Coast. https://www.boem.gov/press09122017/

⑥ The Blue Belt programme. https://www.gov.uk/government/publications/the-blue-belt-programme

⑦ 欧盟通过决议保护北极，防止该地区军事化倾向. http://www.hellosea.net/news/focus/2017-04-08/40019.html

⑧ Arctic Resilience Report 2016. https://www.sei-international.org/mediamanager/documents/Publications/Arctic Resilience Report-2016.pdf

⑨ National Marine Research & Innovation Strategy 2017–2021. https://www.marine.ie/Home/sites/default/files/ MIFiles/Docs/ResearchFunding/Print%20Version%20National%20Marine%20Research%20%26%20Innovation%20Strategy%202021.pdf

2017 年 9 月，欧洲海洋局发布《海洋生物技术：推动欧洲生物经济创新发展》①，为欧洲海洋生物技术的未来发展指明方向，列出 2020～2030 年的长期挑战和 7 个关键行动领域。

四、其他国家和地区

为了增强德国海洋经济在全球的竞争力，2016 年底德国政府发布了《海洋议程 2025》②，指出德国海洋发展的 9 个重点领域包括：①巩固和提升技术领军地位；②强化海洋经济在全球市场的竞争力；③巩固德国物流领导者的地位；④构建可持续发展的海洋运输业；⑤将海洋技术应用于能源革命；⑥利用数字化机遇，发展海洋 4.0；⑦加强海洋专有技术在德国的地位；⑧提高海洋与海岸警卫船只的建造能力；⑨积极参与构建欧盟“蓝色发展”战略。

澳大利亚对于海洋生态环境长期重点关注。2017 年 1 月，澳大利亚环境与能源部发布《减少海洋垃圾对海洋脊椎动物的威胁计划》③，重点关注海洋垃圾特别是塑料垃圾的监测及对生态系统的影响研究。2017 年 1 月 16 日，澳大利亚环境与能源部发布《减少海洋垃圾对海洋脊椎动物的威胁计划(草案)》④，对 2009 年的《减少威胁计划》(Threat Abatement Plan，TAP)进行了修订。该计划旨在通过 6 个主要目标为国家提供具体的行动指导，以防止和减轻有害海洋垃圾对海洋脊椎动物的影响。6 个目标包括：①有助于海洋垃圾发生的长期预防；②确定受海洋垃圾影响的关键物种、生态群落、生态系统和位置，以采取优先行动；③开展研究，以了解和减轻海洋微塑料和塑料碎片对海洋物种和生态群落的影响；④清除现有的海洋垃圾；⑤监测海洋垃圾的数量、来源、类型和有害化学污染物，并评估管理安排随着时间推移对减少海洋垃圾的有效性；⑥提高公众对海洋垃圾的产生原因和影响的认识，包括微塑料和有害化学污染物，以促进公众行为的改变。

日本文部科学省于 2017 年 1 月发布《海洋科技研发计划》(以下简称《计划》)⑤。该《计划》的制定是为了进一步落实和执行日本第 5 期《国家基本计划》及《海洋基本计划》中的具体举措，推进海洋科技领域的创新发展，以期实现海洋的可持续开发、利用和管理，强化与社会和经济相对应的产业竞争力。《计划》制定了未来 5 年海洋科学技术推进的重点领域，主要包括以下 5 个方面：①强化对极区及海洋的综合理解与经营管理；②海洋资源的开发与利用；③对海洋自然灾害的防灾与减灾；④基础技术的开发与未来产业创造；⑤推进支撑海洋科技发展的基础研究。《计划》还阐述了未来海洋科技发展的重点方向，包括：海洋综合研究与经营管理；海洋资源开发与利用；海洋防灾减灾；基础技术开发与未来产业创造；海洋基础研究。

印度尼西亚研究机构与美国国家海洋和大气管理局于 2017 年 2 月联合启动《印度尼西亚海洋观测和分析计划》⑥，将重点开展季风分析和预测、大气海洋和海洋地球物理观测及研究。

第二节　热点研究方向

在对 2017 年度全球海洋研究论文进行梳理后，遴选出 9 个重要的研究热点领域和方向：总体评估研究、海洋酸化研究、海洋缺氧研究、海洋甲烷研究、海洋灾害研究、极地海冰研究、海洋塑料污染研究、海底热液研究、海洋新技术研发应用。

---

① Marine Biotechnology: Advancing Innovation in Europe's Bioeconomy. http://marineboard.eu/publication/ marine-biotechnology -advancing-innovation-europe %E2%80%99s-bioeconomy-policy-brief

② 国家海洋信息中心. 2017-10-13. 解读《德国海洋议程 2025》. http://www.cme.gov.cn/info/1509.jspx

③ Draft Threat Abatement Plan for the Impacts of Marine Debris on Vertebrate Marine Species. http://www.environment. gov.au/ biodiversity/threatened/ threat-abatement-plans/draft-marine-debris-2017

④ Draft Threat Abatement Plan for the Impacts of Marine Debris on Vertebrate Marine Species. http://www.environment.gov.au/biodiversity/threatened/ threat-abatement-plans/draft-marine-debris-2017

⑤ 海洋科学技術に係る研究開発計画. http://www.mext.go.jp/b_menu/shingi/gijyutu/gijyutu5/reports/1382579.htm

⑥ Indonesia Program Initiative on Maritime Observation and Analysis (Ina PRIMA). https://public.wmo.int/ en/media/news-from-members/indonesia-program-initiative-maritime-observation-and-analysis-ina-prima

一、总体评估

2017 年 6 月 8 日，联合国教育、科学及文化组织(United Nations Educational, Scientific and Cultural Organization，UNESCO)在联合国海洋大会发布题为《全球海洋科学报告：全球海洋科学现状》[①]的报告，首次盘点了当前世界海洋科学研究情况，主张加大对海洋科学研究的投入，呼吁加强国际科学合作。在该报告中，海洋科学被定义为包括 8 个类别的学科组合：①海洋生态系统功能和过程；②海洋和气候；③海洋健康；④人类健康与福祉；⑤蓝色增长；⑥海洋地壳和海洋地质灾害；⑦海洋技术；⑧海洋观测和海洋数据。报告对海洋科学有 10 个整体论断：①全球海洋科学是“大科学”；②海洋科学是一门交叉学科；③相比于全球整体科学研究体系，海洋科学研究的性别比例更加平衡；④海洋科学研究支出在世界范围内差异较大；⑤海洋科学受益于替代资金；⑥海洋科学研究产出正在增加；⑦国际合作促进引用率的提升；⑧海洋数据中心为多元用户团体提供多种数据产品；⑨科学与政策的相互作用可以通过许多途径实现；⑩只有少数几个国家具有全国海洋科学能力清单。

海洋气候变化影响小组(Marine Climate Change Impacts Partnership，MCCIP)成立于 2005 年，作为英国海洋智库机构，主要为决策者提供海洋气候变化影响的证据与海洋可持续利用的政策建议。MCCIP 报告[②]以清晰简明的方式定期更新科学研究的现状，报告内容涵盖了海洋环境气候变化、海洋生物多样性、沿海地区社会经济发展等多个主题。该报告汇总了过去 10 年英国海洋气候变化影响报告的相关研究内容，分析了科学家对海洋气候变化认识的演变。在此基础上，汇总了过去 10 年 MCCIP 在海洋气候变化影响方面的各类研究进展，指明了在科学政策领域工作的重要经验教训，提出了确保海洋气候科学继续向最终用户提供有效信息的途径。过去 10 年中，海洋科学各研究领域的优秀科学家为 MCCIP 报告做出了诸多贡献，总结的相关研究经验将为未来海洋气候变化研究提供借鉴与支撑。

2017 年 7 月 5 日由加州大学圣芭芭拉分校 Benjamin S. Halpern 主持完成的发表在 *PLoS ONE* 上的最新研究成果[③]指出，全球海洋健康状况在近 5 年来相对稳定，不同国家呈现出不同的变化特点。该研究成果来源于 Benjamin S. Halpern 等于 2012 年开始的全球海洋健康指数(ocean health index，OHI)研究工作，其从食品供给、自然产品、海岸带保护、居民生计、人工捕鱼机会、碳贮存、地域感、清洁水、生物多样性、旅游和休闲等各方面对全球海洋健康状况进行了综合评估。该评估结果显示，北极国家和近北极国家的海洋健康指数趋于下降，其主要原因可能是北极海冰的快速减少导致了海岸带保护状况恶化。研究人员认为，近 5 年来其他海域健康状况稳定是由于野生渔业捕捞管理的提升、海洋保护区的建设、海洋渔业及其他自然产品采集的降低。

二、海洋酸化研究

对海洋酸化问题主要有 3 个认识：海洋酸化使多数海洋物种(特别是甲壳类)面临威胁；海洋酸化使珊瑚礁生态系统受到破坏；酸化趋势若持续，可能引发整体海洋生态结构发生调整。

海洋酸化事实认定研究。早在 2013 年，美国伍兹霍尔海洋研究所(Woods Hole Oceanographic Institution，WHOI)等机构就指出了海洋酸化的 20 个事实，同年国际地圈生物圈计划(International Geosphere-Biosphere Program，IGBP)对相关事实进行了可信度分析。海洋酸化问题的存在已被确认。

海洋酸化对海洋生物的影响。2017 年 4 月 4 日，澳大利亚研究报告指出，未来珊瑚礁白化造成的经济损失可能会达 1 万亿澳元[④]。而在 2016 年 9 月，英国国家海洋学中心(National Oceanography Centre，NOC)一份研究指出，近 1/4 的深海贝壳类物种已经适应海洋酸化，并生活在海水化学分析不利于维护它们的钙

---

① Global Ocean Science Report: the Current Status of Ocean Science around the World. http://unesdoc.unesco. org/ images/ 0024/002493/249373e.pdf

② Marine Climate Change Impacts: 10 years' Experience of Science to Policy Reporting. http://www.mccip.org. uk/ media/1770/mccip-report-card-2017-final-artwork-spreads.pdf

③ Drivers and Implications of Change in Global Ocean Health over the Past Five Years. http://journals.plos.org/ plosone/article? id=10.1371/journal.pone.0178267

④ Climate Change: a Deadly Threat to Coral Reefs. http://www.climatecouncil.org.au/climate-change-threat- to-reef

质骨骼和贝壳形成的海水环境里①。

三、海洋缺氧研究

2017 年 2 月，德国亥姆霍兹海洋研究中心（GEOMAR）的研究人员在 *Nature* 发文指出，过去 50 年，全球海洋氧含量的减少已超过 2%，不同洋盆和海洋深度的氧损失表现出了巨大差异②。根据海洋模式预测，全球变暖引起了氧气溶解度减少和深海气体交换减弱，到 2100 年全球海洋溶解氧含量将下降 1%～7%。溶解氧减少可能会影响海洋养分循环和海洋生物的栖息环境。

2017 年 8 月，来自伍兹霍尔海洋研究所、亚利桑那州立大学和佛罗里达州立大学的研究人员首次研发出可以量化古海洋中脱氧速度的新技术③。研究人员采用新技术测量沉积物中的铊同位素的含量，发现铊同位素会随着深海中氧含量的降低而增加。研究人员还采用该项新技术，分析了南美洲苏里南海岸附近海底钻测到的 9400 万年前岩石样本的氧气损失情况，其结果表明在“海洋缺氧事件”期间近半数深海海洋中的氧气几乎被耗尽，而在其恢复之前缺氧状态将持续约 50 万年。

四、海洋甲烷研究

研究人员尝试建立海洋甲烷来源的长效机制。2017 年 12 月 7 日，来自麻省理工学院（Massachusetts Institute of Technology，MIT）等机构的研究人员在 *Science* 期刊发文指出，海洋微生物中大量的酶可能是产生温室气体的原因④。这一发现有助于解决长期困扰科学家的“海洋甲烷悖论”（marine methane paradox）。研究人员发现了一种微生物酶能够让甲基磷酸酯在脱去磷酸酯分子的过程中生成甲烷。他们找到它的基因序列，即甲基膦酸合成酶（MPnS），并在其他微生物的基因组中进行相应搜索，找到羟乙基膦酸双加氧酶（HEPD），它与 MPnS 极其相似但不能生成甲烷。研究人员通过比较 MPnS 和 HEPD 的晶体学数据发现了很细微且极为关键的差异。两种酶的活性部位（催化反应的蛋白质部分）中存在一种称为谷氨酰胺的氨基酸，在 MPnS 中，这种谷氨酰胺与铁结合后，直接被位于 MPnS 中谷氨酰胺的氨基酸异亮氨酸固定。而在 HEPD 中异亮氨酸被甘氨酸取代，谷氨酰胺重新自由排列不再与铁结合。通过搜索数千个微生物基因序列的数据库，研究人员发现了数百种具有相同结构形状的酶都在原始 MPnS 酶中可见且存在于海洋微生物中。研究人员在极其丰富的海洋微生物菌株中发现了名为 *Pelagibacter ubique* 的酶，但这种酶及其产物在海洋细菌中所起的作用尚属未知。另外，海洋环境（温度和污染）对微生物产生的甲烷如何产生影响也有待研究。

天然甲烷不会直接改变全球气候。加利福尼亚大学圣地亚哥分校斯克里普斯海洋研究所（Scripps Institution of Oceanography，SIO）的科研团队⑤通过分析冰川冰核中的气泡发现，地球最后一次快速升温时，由于温室气体以固态的形式蕴藏在冰层中，因此地球升温过程中没有释放出大量的甲烷。由此预测，在不久的将来，即使地球再次变暖，天然甲烷也不会引发巨大的灾难。

上述研究通过试验推翻了近年来许多科学家提出的“甲烷定时炸弹”假设。此前认为，1.2 万年前，由于北极湖泊和永久性冻土中释放出大量的甲烷，海底甲烷冰也开始迅速融化，因此大气中甲烷含量才会突然升高，从而导致全球气温平均上升 3℃，北大西洋的个别地区甚至上升了 11℃。研究中科研人员从南极洲的泰勒冰川采集古冰样本，分析了 1.16 万年前地球第一次骤然变暖时冰层中甲烷的化学特征。结果发现，蕴藏在永久冻土层和海洋沉积物中的固态甲烷数量微乎其微，且缺少碳同位素这种化学成分。全球变暖期间，大气中的甲烷含量提升了 50%，其中很大一部分原因是热带湿地在释放甲烷。此外，全球气温的骤然上升可能还与赤道附近降雨量的突然变化有关。研究人员认为，滋养甲烷水合物的土壤和海洋细菌也许会限制甲烷的排放量，阻止其进入大气。SIO 海洋地质学家杰夫·塞弗林豪斯（Jeff Severinghaus）坚信，

---

① Benthic Marine Calcifiers Coexist with $CaCO_3$-undersaturated Seawater Worldwide. http://noc.ac.uk/news/new- insights-impacts-ocean-acidification
② Decline in Global Oceanic Oxygen Content During the Past Five Decades. http://www.nature.com/nature/ journal/ v542/n7641/full/nature21399.html
③ New Technique Offers Clues to Measure Ocean Deoxygenation. http://www.whoi.edu/news-release/ deoxygenation-ocean
④ Researchers establish long-sought source of ocean methane. http://science.sciencemag.org/content/ 358/6368/1336
⑤ Natural Methane “Time Bomb” Unlikely to Wreak Climate Havoc. https://scripps.ucsd.edu/news/natural-methane-time-bomb-unlikely-wreak-climate-havoc

这是一个里程碑式的发现，从此，人类不必再担心“甲烷定时炸弹”的假设。

之后，杰夫·塞弗林豪斯的学生魏西里夫·彼得连科(Vasilii Petrenko)对该问题进行了进一步探索，他在美国国家科学基金会(National Science Foundation，NSF)的支持下领导了一项重估史上甲烷排放量的试验研究，并于8月24日在英国*Nature*杂志上发表了一篇题为“*Minimal geological methane emissions during the Younger Dryas—Preboreal abrupt warming event*”的文章。文章中指出，自然地质来源(如海底油苗和火山区)的甲烷排放量约为5200万t/a。科研人员从南极洲古冰中提取的资料表明，在新仙女木时期和前北方时期之间的温暖间隔期(约1.16万年前)，自然地质来源的甲烷排放量平均不超过1540万t/a。假设过去的地质甲烷排放量不低于今天，则该研究结果表明目前的地质甲烷排放量预估值可能过高，即人为化石燃料排放的甲烷量预估值可能过低。该研究还进一步证明大气中甲烷含量之所以在上述历史升温期快速上升，可能是由湿地甲烷排放而非海洋天然气水合物或多年冻土区等古老的碳库所致。

研究指出在未来不要过度强调天然甲烷排放对全球气候的影响，相比之下，应该将更多的关注点放在人为化石燃料相关甲烷排放量上，呼吁全人类使用清洁能源，减少温室气体的排放，从而减缓全球变暖的进程。

五、海洋灾害研究

海啸灾害研究。未来海啸强度和频率将增加，海底构造对海啸影响机理研究取得突破，海啸预警预报技术进一步提升。2017年11月，美国得克萨斯大学的一项最新研究发现[①]，太平洋西北部海岸致密沉积物的固结可能引发毁灭性海啸。

飓风灾害研究。未来飓风强度和频率将增加，高精度预报技术应运而生，区域性海啸预防研究受到重视。2017年1月，美国NOAA的一项新研究表明，在大西洋飓风活跃时期，美国东海岸存在风暴缓冲区，使风暴在登陆过程中减弱。同年5月，美国NOAA开始采用新工具——FV3模型提供高质量的飓风预报[②]。

六、极地海冰研究

南极洲东部区域历史上有过不稳定的时期。2017年12月13日，由美国国家科学基金会(National Science Foundation，NSF)资助的研究成果[③]表明，从长时间尺度研究得出的南极洲冰盖的发育是生长与收缩交替进行的。南极洲东部区域因为有足够的水来提高其冰盖的高度，多年来，该区域的冰盖厚度比地球上其他区域的冰盖厚度都要厚，被认为是世界上冰盖最稳定的区域，即使南极洲西部区域和格陵兰岛的冰盖因为气候变化等因素进行萎缩的时候，东部区域也保持相对稳定的状态。但是，近期由NSF资助的得克萨斯大学奥斯汀分校和南佛罗里达大学(University of South Florida，USF)的研究人员发现，南极洲东部冰盖并不是过去认为的那么稳定。科学家对南极洲东部地区塞布丽娜(Sabrina Coast)海岸进行的海洋调查发现，冰盖有长期的扩张和萎缩的历史，可能该区域更容易受到气候变化的影响。得克萨斯大学地球物理研究所(University of Texas Institute for Geophysics，UTIG)的Sean Gulick也指出，在过去几百万年间，极光盆地的冰川一直较为稳定，但是最新的证据表明，在冰川和间冰期之间，该区域有一种非动态的冰原一直在不断地生长和收缩，尤其是在塞布丽娜海岸附近，有很长一段时间的开放水域，冰川的影响受到限制。美国国家科学基金会的极地项目办公室(Office of Polar Programs，OPP)负责管理美国南极项目，并提供资金和后勤支持，使得对塞布丽娜海岸进行实地科学考察成为可能。极地项目办公室主任珍妮弗·伯恩斯(Jennifer Burns)说：“加大对南极冰盖历史演变的研究可为科学家重新审视南极地区对全球气候变化的影响提供新的认识，意义重大”。这项重要成果于2017年12月发表在*Nature*上。科学家利用破冰船及在破

① Links between Sediment Consolidation and Cascadia Megathrust Slip Behaviour. http://www.nature.com/articles/s41561-017-0007-2

② NOAA Begins Transition of Powerful New Tool to Improve Hurricane Forecasts. http://research.noaa.gov/News/NewsArchive/LatestNews/TabId/684/ArtMID/1768/Article ID/12178/NOAA-begins-transition-of-powerful-new-tool-to-improve-hurricane-forecasts.aspx

③ Massive East Antarctic Ice Sheet has History of Instability. https://www.nsf.gov/news/news_summ.jsp?cntn_id=243902&org=NSF&from=news

冰船上部署的海洋地震设备与技术，对塞布丽娜海岸过去 5000 万年的冰川演化进行了模拟，并从海底 1～2m 的地方采集了海泥样本，分析古代花粉以确定样品的年龄。主要的研究区域在塞布丽娜海岸和附近的奥罗拉盆地。因为随着附近海水温度的变化，区域的冰川正在变薄或者后退，如果奥罗拉盆地的冰原全部融化，会导致全球海平面上升 5m 左右。

厄尔尼诺导致南极大面积冰面消融。2017 年 6 月 15 日，斯克里普斯海洋研究所在其官方网站发布报道①称：南极洲的一个面积为加利福尼亚州两倍的冰盖，在一个夏天完全融化了，而且这种现象将会变成一个常规事件。西南极洲冰盖是一个面积大于墨西哥的陆地冰块，位于海平面以下的基岩上，受到浮冰架的边缘保护，这些冰架的融化和分解将加速冰块进入海洋流动。根据科学家自 20 世纪 60 年代以来对该地区的综合大气测量发现，在 2015～2016 年的夏季，发生了过去 50 年来最为强烈的厄尔尼诺现象，导致了大面积的冰面消融。斯克里普斯海洋研究所研究人员和南极洲西部辐射实验（AWARE）研究人员组成的科学家团队的报告称，由温暖的空气带来的水分和大面积的云层所引起的冰雪融化可能经厄尔尼诺现象在冰盖上扩展开来，导致大部分的罗斯冰架上都发现了融雪，这是一个厚厚的浮冰平台，可以使约 1/3 的冰川从西南极洲冰盖流向海洋。这项研究成果发表在 *Nature Communications* 上。科学家称，如果地球变暖趋势持续下去，厄尔尼诺现象将会变得更加普遍，因为冰盖表面融化可以增强温暖的海水从下面融化冰盖，从而造成冰盖的不稳定性。在过去的厄尔尼诺时期，科学家已经能够通过卫星在南极看到融化事件，并在这次大型消融事件发生之前就在西南极洲部署了最先进的设备，这些大气测量将有助于地球物理科学家开发更好的物理模型来预测南极冰盖如何应对气候变化并影响海平面的上升。

空气污染掩盖北极海冰减少过程。2017 年 2 月 27 日，《地球物理研究快报》（*Geophysical Research Letters*）发表的题为《气溶胶驱动了 20 世纪中叶北极海冰的增加》②（“Aerosol-driven increase in Arctic sea ice over the middle of the 20th Century”）的文章指出，根据研究的空气污染对 20 世纪中叶海冰生长的影响，研究人员认为人类活动影响北极海冰的历史可能比之前认为的更长。该研究使用观测和建模方法，将北极海冰生长归因于硫酸盐气溶胶，还研究了气溶胶对北极海冰的影响。

七、海洋塑料污染研究

德国研究称河流塑料污染与流域塑料垃圾管理不当有关。2017 年 10 月 11 日，《环境科学与技术》期刊发表的题为《河流向海洋输入的塑料垃圾》③的文章指出，河流中的塑料污染与流域塑料垃圾管理不当有关。对塑料含量排名前 10 的河流进行更好的塑料垃圾管理，可以显著减少进入海洋的塑料垃圾数量。

亚洲河流向全球海洋排放的塑料垃圾最多。2017 年 6 月 7 日，*Nature Communications* 期刊发表的题为《河流向世界海洋排放的塑料》④文章指出，全球每年有 115 万～241 万 t 塑料垃圾从河流进入海洋，大部分来自于亚洲河流。

海洋塑料污染状况及其来源研究取得新进展：美国加利福尼亚州蒙特利湾水族研究所（Monterey Bay Aquarium Research Institute，MBARI）的研究人员发现了塑料垃圾向深海转移的机制。2017 年 8 月 16 日，*Science Advances* 载文《从海表到海底：微型塑料如何通过巨型海鞘幼虫传送到深海？》⑤称，来自 MBARI 的研究人员发现一种叫作“巨大幼形海鞘”的滤食动物可以收集塑料碎片，并最终将无法消化的微型塑料排出体外沉积在海底。这些塑料碎片沉积在巨大幼形海鞘丢弃的滤器中，或者以该生物的粪球形式沉积到海底。

海洋塑料污染研究和评估推动了相关海洋垃圾治理行动。2015 年 12 月，美国总统奥巴马签署通过《2015 禁用塑料微粒护水法案》，禁止生产和销售包含塑料微粒的产品，防止塑料微粒排入水体，该法案于 2017 年

---

① Scientists Report Large-Scale Surface Melting Event in Antarctica during 2015-16 El Niño. https://scripps.ucsd. edu/news/scientists-report-large-scale-surface-melting-event-antarctica-during-2015-16-el-nino

② Aerosol-driven Increase in Arctic Sea Ice over the Middle of the 20th Century. http://onlinelibrary.wiley.com/ doi/10.1002/2016GL071941/pdf

③ Export of Plastic Debris by Rivers into the Sea. http://pubs.acs.org/doi/full/10.1021/acs.est.7b02368

④ River Plastic Emissions to the World's Oceans. https://www.nature.com/articles/ncomms15611

⑤ How Giant Larvaceans Transport Microplastics into the Deep Sea. http://advances.sciencemag.org/content/ 3/8/e1700715.full

7月1日生效。2016年7月，联合国环境规划署(United Nations Environment Programme，UNEP)发布《海洋垃圾重要图示》[①]，帮助全球从源头寻找持久的塑料污染解决方案。2016年10月，UNEP发布《海洋垃圾立法：政策制定者的工具包》[②]，为各国对于针对性、多样化的海洋垃圾治理提供对策。2017年9月，二十国集团通过《G20海洋垃圾行动计划》[③]，阐述了减少海洋垃圾优先考虑的领域和潜在的政策措施。

八、海底热液研究

热液喷口可产生电流。2017年4月，日本海洋科学技术中心(Japan Marine Science and Technology Center，JAMSTEC)的研究人员对热液口硫化物矿床的分析发现[④]：深海热液喷口区是一个巨大的"天然燃料电池"，可以不断地产生电流。传统的认为仅仅依赖分子扩散的深海能量流和物质循环理论被打破。该发现有助于探索海底海洋生态系统能量的来源及地球生命的起源和地球外部的生命等。

临近热液生物克隆理论被打破。2017年7月19日，美国MBARI研究人员在加利福尼亚州南部港湾发现的两个截然不同的热液裂口，尽管相对靠近，但却生长着不同的动物群落[⑤]。与传统理论认为的相邻裂口会存在相同动物群落的一般科学假设相矛盾。

九、海洋新技术研发

先进海洋探测装置。2017年6月，英国南安普顿大学的研究人员首次采用潜水器捕捉到了南极地层水中的数据[⑥]。2017年11月，英国国家海洋学中心(NOC)主导研发出一种新型的CO_2探测装置，可在极端环境下工作，为研究碳和海洋环境提供帮助[⑦]。

2017年5月，联合国教育、科学及文化组织(UNESCO)[⑧]称，将在2017年6月的5年一届的联合国海洋大会上宣布建立一个全球性的蓝碳数据与知识网络中心，该中心将围绕全球沿海湿地碳循环开展全球合作。将在未来5年建设集反馈系统的数据共享平台、数据收集与整理平台和基于网络分析的工具平台。蓝碳数据与知识网络中心的主要任务包括：①创建一个全球性的有关红树林特征、海草、潮汐和沼泽的大型数据网络库；②面向全球科学家开放；③支持各个国家开展跨区域合作交流学习；④建立集成各个国家的全球范围内的蓝碳大数据中心，包括各个国家的生态系统保护与修复的相关数据。

第三节　未来发展态势

根据当前研究热点及相关海洋科技研究战略规划的未来布局，综合判断未来海洋研究将呈现出以下态势。

(1)海洋监测探测能力建设的基础作用愈加明显。近年来，海洋技术的提升为海洋科学长足发展提供了有利条件。未来随着大数据技术的不断升级，海洋研究对技术能力的创新将有更高的要求：海洋研究对数据规模的需求将不断增长；对数据精度和传输技术要求将更加苛刻；对深海和极端环境数据需求将不断提升。

(2)全球性海洋环境问题的导向作用将逐渐显现。全球性海洋环境问题对进一步实现海洋价值、促进海洋可持续发展具有长远战略意义，目前及未来研究热点将包括：海洋环境污染问题特别是海洋塑料污染问题；海洋酸化及其他全球性海洋生态问题；海洋灾害频发，全球海洋防灾减灾研究。

---

① Marine Litter Vital Graphics. http://www.grida.no/publications/vg/marine-litter/

② Marine Litter Legislation: a Toolkit for Policymakers. http://apps.unep.org/publications/index.php?option= com_pub&task=download&file=012253_en

③ G20 Adopts T20 Recommendations on Plastics and Marine Litter. https://ieep.eu/news/g20-adopts-t20- recommendations- on-plastics-and-marine-litter

④ Deep-sea Hydrothermal Systems are "Natural Power Plants". http://www.jamstec.go.jp/e/about/press_release/ 20170428/

⑤ New Study Challenges Prevailing Theory about How Deep-sea Vents are Colonized. http://www.mbari.org/new-study-challenges-prevailing-theory-about-how-deep-sea-vents-are-colonized/

⑥ Boaty McBoatface Returns Home with Unprecedented Data. http://www.nerc.ac.uk/press/releases/2017/14-boaty/

⑦ £19 Million Government Investment in NOC Technology Announced. http://noc.ac.uk/news/%C2%A319-million- government-investment-noc-technology-announced

⑧ A Global Blue Carbon Data Network to be launched at the UN Ocean Conference. http://www.unesco.org/new/ en/media-services/single-view/news/a_global_blue_carbon_data_network_to_be_launched_at_the_un_o/

(3) 重大海洋战略计划的引领示范效应更加突出。现代海洋科学的“大科学”特征日渐显现，顶层设计和大规模协同创新将成为未来海洋研究进步的主要推动力。海洋战略规划体现国际社会对未来海洋科技的战略性布局，相关研究方向在社会需求、政策支持和资金投入的共同作用下，未来取得重大突破的可能性较大。

(4) 海洋资源能源勘探开发技术将迎来发展机遇。全球资源能源储量有限，供应持续波动，而海洋资源潜力巨大。即使目前存在技术障碍，以海洋资源开发利用为目标的研究将不会改变，相关研究将稳步推进。海底资源和可再生能源研究持续投入，一旦有突破性进展，将改变全球格局。自特朗普执政以来，美国对海洋能源资源开发呈现出进取态势，示范作用巨大。2017 年，新西兰批准了全球首家商业化海底开采铁矿砂项目，具有标志性意义。

第八章　海洋国家实验室专题分析

2017年是全面落实“十三五”规划的关键一年，是党的十九大胜利召开的重要一年。在科学技术部等国家部委、山东省、青岛市的持续支持和正确领导下，在理事会领导、学术委员会指导下，青岛海洋科学与技术试点国家实验室(简称“海洋国家实验室”)深入贯彻落实党的十八届五中、六中全会和党的十九大精神，积极推动国家海洋强国建设，主动契合创新驱动发展战略需求，遵循“创新、协调、绿色、开放、共享”五大发展理念，坚持科技创新与体制机制创新“双轮驱动”，按照理事会确定的重点任务，进一步明确战略任务与突破方向，谋划制定中长期发展规划，深入创新管理运行模式、扎实推进基础设施建设、不断汇聚优势创新资源、着力组织重大科技协同攻关、积极参与全球创新治理，得到党和国家领导人的充分肯定，对新时代中国特色国家实验室的建设进行了有益探索。

本章主要从海洋国家实验室科研进展、科研成果、公共平台建设、人才队伍建设、科技成果转化、交流与合作6个方面进行介绍。

第一节　科 研 进 展

一、重点领域研究

(一)海洋动力过程与气候变化

突破深海数据实时传输技术瓶颈，实现深海数据长周期稳定实时传输。基于2016年自主研发的实时深海潜标传输系统的运行情况(该系统已于2016年底进行了海上布放和实施，成功实现了深海上层1000m流速、流向和回声强度等每小时1次的实时回传，并连续工作280余天，创造了国内外有明确文献记录的实时获取深海数据最长工作时间的记录)，2017年对该系统进行了技术完善和标准化生产，现正在将西太平洋科学观测网潜标升级为实时传输潜标，进展顺利。

此外，自主研制了智能实时通讯潜标海试样机，并于2017年11月成功布放于热带西太平洋海域进行海上试验。截至当前，实时通讯链路数据通信及传输一切正常，成功实现了深海上层流速、流向等剖面数据间隔6h的实时回传。科学家和业务用户可以通过电脑或手机终端实时掌握深海大洋的动力状况，将深海数据的查看模式从“录像回放”变成了“现场直播”，初步实现了深海的状态透明、过程透明、变化透明。“十三五”时期，我国正全面推进深海进入、深海探测和深海开发的深海战略，深海数据长周期稳定实时传输对我国深海探测能力的提升意义重大。

运用长期观测数据与高分辨率海洋模型，认知西太平洋环流三维结构及其多尺度变异机理。海洋动力过程与气候功能实验室研究团队基于在西太平洋130°E布放的4套潜标所获取的连续1年的ADCP(声学多普勒流速剖面仪)观测数据，证实了北赤道流之下反向潜流-北赤道潜流的存在，并首次揭示了北赤道流和潜流强劲的季节内变化特征，季节内变化垂直模态随纬度改变。进一步结合高分辨率海洋模式分析了西太平洋中尺度涡的三维结构，发现季节内变化垂直模态的不均匀性与不同类型中尺度涡的分布有关；表层强化涡旋和温跃层以下涡旋大致沿北赤道流分叉点(约13°N)分开，这种分布可能受热带流环、副热带流环不同的涡能量源和垂直涡能量通量的影响。来自大洋的中尺度涡旋到达西边界后可改变黑潮水体的位涡分布，使得黑潮克服地形位涡障碍跨越陆坡影响中国近海，部分水体可以沿着外陆架一直流向长江口区域。在全球变暖背景下，受北太平洋东北信风减弱的影响，整个低纬度风生环流系统出现减弱趋势。

该研究工作是基于海洋动力过程与气候功能实验室研究团队多年来在西太平洋环流领域累积的雄厚基础上开展的。获取的第一手观测数据及揭示的新现象，对深入理解西太平洋环流的三维结构、多尺度变异规律及其对中国近海的影响具有重要意义，巩固了我国在西太平洋环流研究领域的国际优势地位。

深入研究黑潮入侵中国海的动力学机制，加深认识黑潮对中国海的影响。黑潮是北太平洋副热带流涡的西边界流，它对东海和南海的入侵是驱动中国近海环流的关键因子，对维系中国近海的物质和热量平衡具有重要作用。

在黑潮入侵南海方面，本年度基于现场观测证实了南海北部“黑潮流套”脱落暖涡的存在，指出暖涡后缘的冷涡由“黑潮流套”的正压不稳定所致，而冷涡的生成与发展对暖涡的脱落具有促进作用；首次在统一的理论框架下阐明了黑潮入侵吕宋海峡在 4 种已知流态(跨越、流环、甩涡、直接入侵)之间的转化规律，发现海盆尺度的风应力旋度和侧向摩擦是控制黑潮流态变化的主要因素。在黑潮入侵东海方面，首次利用 ADCP 数据证实了中尺度涡引发黑潮入侵东海的事件，指出中尺度涡通过改变黑潮的位涡分布来克服地形位涡障碍，进而使其黑潮水跨越陆坡进入东海。上述成果发表在 *Journal of Physical Oceanography*、*Journal of Geophysical Research* 和 *Science China* 上。

研究海平面变化与极端厄尔尼诺事件的关系，剖析海洋对全球变暖的响应特征。从海平面和极端厄尔尼诺事件两方面揭示了海洋对全球变暖的响应特征。近 20 年全球海平面上升的速度逐渐增大，由 1993 年初的平均每年上升(2.2±0.3) mm 增加到 2014 年的平均每年上升(3.3±0.3) mm，其中格陵兰冰盖融化对整个海平面上升的贡献由最初的 5%(平均每年 0.1mm)增加到 2014 年的 25%(平均每年 0.85mm)，这一研究更准确地揭示了全球海平面变化的特征，再次强调了科学制定沿海地区应对海平面变化的对策和方案以适应全球气候变化的重要性。

海平面及其背后的海洋热力变化进一步影响海洋层结，导致在 1.5℃增暖的低排放情景下，极端厄尔尼诺事件也会显著增多。研究发现，即使在 1.5℃增暖情景后期全球气温已经稳定，赤道太平洋的温跃层仍将在相当长的时间内保持异常加深状态，致使赤道东太平洋的增暖大于赤道外区域，以及海温经向梯度渐弱，进而导致极端厄尔尼诺事件的发生频率仍将持续上升至少 40%。这项研究为未来海气耦合系统的精准预测提供了理论基础。

以上成果从海洋热力、动力和海气耦合过程的角度出发，深入剖析了海洋气候对全球变暖的响应，相关的两项研究成果均发表在国际刊物 *Nature Climate Change* 上。

研究南大洋的热量吸收和传导机制，揭示风应力驱动在南大洋增暖中的主导作用。亚南极模态水是南大洋经向翻转环流的重要组成部分，它的下沉和输运对全球热量分配、淡水循环、营养盐和碳收支等过程具有重要贡献。近期很多研究表明：南大洋是全球海洋增暖最为显著的海域，自 2006 年以来，全球变暖增加的热量有 67%～98%被南大洋吸收，因此，南大洋对全球气候增暖的减缓具有至关重要的作用。但前人研究大多是描述南大洋增暖现象，南大洋的热量吸收和传导机制尚不清楚，认识南大洋热存储现象及其机理是目前全球气候变化研究亟待解决的问题。

该研究从亚南极模态水的变化研究出发，揭示了风应力驱动在南大洋增暖中的主导作用，并评估了模态水的变化对海洋热存储的影响。研究发现，在 2005～2015 年，亚南极模态水具有显著的增厚[(3.6±0.3) m/a]、下沉[(2.4±0.2) m/a]和增暖[(3.9±0.3) W/m^2]现象。分析表明，风应力旋度是最主要的驱动力，模态水热含量的增加有约 84%是由模态水增厚引起的，而浮力通量贡献了其余的 16%。很多模式结果显示，南大洋上的西风及其旋度将在未来的一段时间内继续增强，风应力旋度的增强将进一步引起亚南极模态水的增厚，并将更多的热量存储到南大洋深层海洋中去，从而延缓全球增暖的速度。

解决台风强度预报系统偏差难题，提高台风预报精度。台风路径的预报误差呈现逐年减小的趋势，而台风强度预报过去几十年几乎没有进展，主要表现在对强台风预报强度偏弱、对弱台风预报强度偏强等方面。研究发现，波浪破碎产生的飞沫可以大幅度增加海洋与大气之间的热量通量，从而使得预报的台风变强；而浪致混合及降雨过程则可通过降低海表温度减少海气热通量，使得预报的台风变弱。研究表明，以上三种物理过程的共同作用可以大幅度减少台风强度的预报偏差。

基于上述新的科学认知，发展了一套适用于台风科学研究与实际预报的中尺度区域的海气耦合模式，无论对强台风还是弱台风，通过在耦合模式中引入浪致混合、海洋飞沫和降雨等海气界面过程，均能显著提高台风强度的预报水平，揭示了海浪等物理过程对台风强度预报的重要影响，相关研究成果发表在国际刊物 *Journal of Geophysical Research: Oceans* 上。该研究结果可直接用于数值天气预报，将有助于预报员预知台风的强度和走向，以便进行预警和提前做出应急决策，对海洋防灾减灾具有重要应用价值。

量化南海位涡通量，揭示南海三层环流结构形成机制。为客观、定量地说明依据数值模拟结果提出的南海三层环流结构猜测，区域海洋动力学与数值模拟功能实验室的研究人员基于 GDEM3.0 数据集的温度和盐度资料，采用 ***P*** 矢量方法计算了地转流。该方法避开无运动面的人为假定，将得到的地转流速沿海盆边界积分，为南海三层环流结构提供了量化证据，即次表层和深层的逆时针环流结构和中层的顺时针环流结构。为从动力学角度出发揭示该三层环流结构的形成机制，研究人员基于一个四层半的准地转环流模式，导出了位涡方程，并把积分理论应用到密度层。结果表明，南海三层环流结构主要是由开边界，特别是吕宋海峡的行星位涡输入所致。其机制是：次表层和深层的净位涡输入使这两层内的平均位涡为正值，从而使得涡管拉伸，形成逆时针的海盆尺度环流。与此相反，中层位涡的净输出使得层内平均位涡为负值，导致顺时针的边界环流。通过应用涡度方程在深度及密度坐标系下所产生的不同结果，阐明了只有在密度坐标系下，位涡积分理论才能被合理应用到南海的孤立深海盆中解释南海深海盆的逆时针环流结构。

（二）海洋生命过程与资源利用

开展水产养殖战略研究，提出我国水产养殖业绿色发展方向。在中国工程院养殖Ⅰ期、养殖Ⅱ期重大项目研究基础上，承担了养殖Ⅲ期战略研究项目，包括中国工程院重点咨询项目“现代海水养殖新技术、新方式和新空间发展战略研究”及中国工程院中长期咨询项目“动物健康养殖发展战略研究”之“水产健康养殖发展战略研究”，出版了《海洋强国建设重点工程发展战略》《水产养殖绿色发展咨询研究报告》《环境友好型水产养殖发展战略：新思路、新任务、新途径》3 部专著。2017 年 4 月，徐匡迪、唐启升等 16 位院士及 9 位渔业科研领域专家整合该项目研究成果，联合向国务院呈报了“关于促进水产养殖业绿色发展的建议”，提出“建立水产养殖容量管理制度”等推动水产养殖发展与生态环境协同共进的重大对策建议，为我国水产养殖业的可持续发展指明了方向。

发展海洋分子生物学技术，认知海洋生物生命现象分子机制。绘制首张高质量扇贝全基因组图谱，提出了双侧对称动物 *Hox* 基因簇分段共线性(subcluster temporal co-linearity，STC)表达新模式，阐明了动物体制发生的决定 *Hox* 基因簇表达模式的起源和演化途径；从分子水平上描述了扇贝的适应与进化特征。相关成果分别发表于 *Nature Ecology & Evolution* 与 *Nature Communications* 上。突破海水鱼类基因编辑技术，建立了以 *GFP* 基因为标记基因的半滑舌鳎受精卵显微注射技术，构建了基因组编辑 TALEN 质粒，成功获得基因敲除的成鱼。相关研究成果发表在 *Scientific Reports* 上。完成仿刺参全基因组测序和组装，其分析研究结果为认识后口动物的分子进化、器官再生等提供了重要的理论和数据支撑，也为海参基因组育种提供了重要基础平台，相关研究成果发表于 *PLOS Biology* 上。首次获得凡纳滨对虾养殖群体的饲料效率性状(剩余摄食量)遗传参数。转录组学研究表明，细胞增殖、生长和信号传导等相关基因表达差异显著，获得 568 个与 RFI 相关的 SNP 标记，可用于揭示凡纳滨对虾饲料效率的分子机制，相关研究成果发表在 *Genetics Selection Evolution* 和 *Scientific Reports* 上。研究四膜虫 N6-腺嘌呤(6mA)甲基化的全基因组分布模式，明确了 DNA 序列和染色质环境共同决定 6mA 的全基因组分布模式，其特异性分布在 RNA 聚合酶Ⅱ转录的基因上，但与转录活性仅呈现弱相关关系，相关成果发表在 *Nucleic Acids Research* 上。

解析海洋活性物质结构与功能关系，创新海洋生物高值化利用技术。应用超分辨成像技术结合共聚焦显微镜，发现 YAP(Yes-associated Protein，Yes 相关蛋白)主要以蛋白簇的形式分布在细胞内，细胞接触和压力都能促进 YAP 从细胞核向细胞质转运及其磷酸化，但却削弱了细胞核内 YAP 的成簇及其转录活性；与正常细胞相比，压力对于癌细胞中 YAP 的调控更显著，这一结果为开发靶向 YAP 的抗癌药物奠定了理论基础。研究发现谷胱甘肽过氧化物酶 4(GPX4)与 Wnt 信号通路转录因子 Tcf/Lef 结合，阻碍 Tcf/Lef 与靶基因启动子结合，从而发挥抑制 Wnt 信号通路活性的作用，阐明了 GPX4 拮抗 Wnt 信号通路，拓展了对硒蛋白及含硒化合物在癌症等疾病中作用的认识，相关研究成果发表在国际期刊 *Development* 上。海洋真菌基因组挖掘发现了一个沉默的 *mac* 基因簇，其基因簇所编码的大部分基因与吲哚二萜类化合物生物合成中的萜环化酶具有一定的同源性，表明 *mac* 基因簇可能负责编码产生具有环状异戊烯基侧链的环己烯酮类杂萜。研究成果对其他杂萜类化合物的生物合成和新型杂萜类化合物的发现具有重要参考价值，该成果发表于 *Organic Letters* 上。经研究认识到 SIRT1 蛋白具有 O-GlcNAc 修饰作用，SIRT1 的 O-GlcNAc 修饰作用可增加其与底物蛋白的亲和力并提高 SIRT1 的脱乙酰化酶活性；在应激(氧化应激、代谢应激和基因毒等)条件下，细胞内 SIRT1 的 O-GlcNAc 修饰显著增加，并促进其对 p53、FOXO3 等靶蛋白的脱乙酰化从而发挥细胞保护作用，证明 O-GlcNAc 修饰是 SIRT1 抵抗应激的分子开关，表明 O-GlcNAc 修饰可能成为抗衰老和老年性疾病的新靶点，为抗老年性疾病药物和长寿药物的研究开辟了新途径。经研究揭示了褐藻硫酸多糖抑制甲型流感病毒的作用机制和构效关系，对新型抗病毒糖类药物研发具有指导意义，相关研究成果发表在 *Polymer Chemistry* 上。以高产蛋白酶菌株地衣芽孢杆菌和高产葡萄糖酸菌株氧化葡萄糖酸杆菌为工具微生物，建立了地衣芽孢杆菌-氧化葡萄糖酸杆菌双菌协同发酵法提取甲壳类海洋水产品加工副产物中活性物质的关键技术，实现了甲壳类海洋水产品的高值化综合全利用。

开展鱼类免疫机制研究，提升海水养殖疫病防治技术水平。鉴定了斑马鱼 γδT 细胞，明确其在鱼类适应性免疫活化中的功能，指出鱼类 γδT 细胞是先天免疫和适应免疫的重要桥梁；重新定义了鱼类 T 细胞的组成，丰富了鱼类免疫学的内容；为原始淋巴细胞的分化起源提供了新线索。构建杀鱼爱德华氏菌突变株文库并进行大菱鲆腹腔感染，检测的突变株丰度变化结果表明，三型和六型分泌系统在感染初期并非必需基因，在感染后期成为条件必需基因；突变株丰度动态变化过程聚类分析表明了该菌在体内感染过程的贡献；利用已知减毒活疫苗靶点基因的动态模型，寻找到新的优良候选疫苗靶点基因，为疫苗理性设计提供了新思路。

突破黄条鰤生殖调控技术，为人工种苗规模化繁育奠定了基础。黄条鰤是高度洄游的多年生、大洋性大型鱼类，具有生长迅速、肉质鲜嫩、营养丰富等特点，国内外市场消费需求旺盛，经济价值高。保育黄条鰤亲鱼 300 多尾，研究黄条鰤生殖繁殖生物学，研发综合调控技术，实现亲鱼性腺发育成熟、自然产卵，获得了批量受精卵；建立了规模化育苗技术，培育出平均全长 13.6cm、平均体重 28.4g 的黄条鰤种苗 23 000 多尾，首次实现黄条鰤人工繁育。建立我国北方地区黄条鰤“海陆接力”养殖模式，在 5 个月的适宜生长期内就可增重 2～3kg。黄条鰤苗种人工繁育的成功，将摆脱黄条鰤养殖依赖野生种苗资源的局面，丰富我国深远海养殖模式物种资源。

(三)海底过程与油气资源

研发海域天然气水合物勘采关键技术，助推南海神狐海域可燃冰成功试采。面对水合物开采这一世界公认难题，海洋矿产资源评价与探测技术功能实验室卢海龙教授团队和吴能友研究员团队提出以“地层流体抽取法”为核心技术手段的海域天然气水合物试采方案，在我国南海神狐海域的可燃冰试采中得到成功验证，连续试气点火 60d，累计产气量超过 30 万 m^3，创造了持续产气时间最长、产气总量最大两项世界纪录。

提出热岩石学控制的分段式断层流变学新模型，为认识慢地震提供了新思路。21 世纪初发现的慢地震被认为是自板块构造理论以来地球动力学最重要的发现之一，然而对慢地震发生的地质条件、特别是与大地震的关系尚不清楚。海洋地质过程与环境功能实验室高翔研究员从断层流变学特征出发，提出了热岩石学控制的分段式断层流变学新模型，解释了与慢地震相关的众多未解难题。例如，为何空间位置上分布在地幔楔角附近；为何在热俯冲环境里多发但在冷俯冲环境里缺失及为何在某些非俯冲环境中出现。并发现，慢地震是受地幔楔角附近特殊地质条件控制的，它与其上方大地震在空间上和流变特征上都是分离的，为今后如何正确利用慢地震研究大地震指明了正确方向。该研究不仅解释了多种看似不相关甚至矛盾的慢地震观测现象，还为研究断层滑动特征和地震生成机制提供了全新的理论模型。相关研究成果于 2017 年 3 月 16 日发表在 *Nature* 上，英国三大主流报刊之一 *The Guardian* 专门发长文报道该研究成果。

在中国南海发现首例碳酸岩质岩浆向碱性玄武岩连续转化的现象，揭秘地球深部碳循环。地幔储存了地球上绝大部分的碳，可能对岩浆的最初形成起到关键作用。碱性玄武岩是富碱、贫硅的一类火山岩，也是地球上主要的板内火山岩类型，但其成因长期以来存在争议。研究发现，这些火山岩来自异常富集C、P、F和稀土元素的岩浆，并存在明显的Nb、Ta、Zr、Hf等高场强元素的负异常。样品矿物和化学组成符合过去推断的碳酸盐化的硅酸盐岩浆，首次得到天然样本的验证。这些火山角砾的组成表现为从碳酸岩质岩浆向碱性火山岩的连续转化，这也是首次发现碳酸岩质岩浆可以连续演化为碱性玄武岩的现象。研究认为，南海碳酸盐质岩浆与岩石圈橄榄岩的相互作用，脱去了大量CO_2，并通过磷灰石分离结晶作用丢失了大量稀土元素，最终被转化为碱性玄武岩。南海极薄的岩石圈是碳酸盐质岩浆喷出地表的关键原因。该发现打开了揭秘地球深部碳循环的一扇新窗户，将大大推动有关地球深部碳循环对岩浆活动、地表环境影响等的研究，对认识全球碳循环具有举足轻重的意义。该成果发表于国际期刊*Nature Geoscience*，并被*Solid Earth Sciences*专题报道。

详解我国东部近海沉积记录，全面认识黄河的形成与演化。黄河贯通入海的年代与原因一直为地球科学界所关注。为更全面认识黄河何时贯通入海及其原因，黄河下游沉积区、我国东部近海的证据显得至关重要。研究团队基于渤海与黄海的岩心，通过详细的沉积学、黏土矿物及地球化学分析与研究，得出黄河至少在距今 88 万前就已贯通入海的重要结论。通过与全球及区域气候记录进行对比，认为中更新世气候转型可能是该区物源在距今 88 万年发生转变的主要原因。该研究首次在黄河下游——中国东部陆架区获得了黄河流入边缘海的物源变化证据及时代，为认识黄河贯通入海提供了可靠的年代参考。相关研究成果发表在国际期刊*Scientific Reports*上，并被《中国海洋报》进行专题报道。

原创多项声学测井技术，引领世界声学测井技术进步。海洋矿产资源评价与探测技术功能实验室唐晓明教授带领的声学测井团队开展了一系列声学测井技术研发。一是提出了原创的变径隔声理论，发明了一种“隔声无槽”的创新型隔声体，研制成功了新一代随钻声波测井仪器，增加了钻井机械强度、降低了造价，保证深海钻测安全有效；二是发明了截止频率以下工作的偶极横波远探测技术，有效地提高了对井旁地层的探测深度，形成了世界领先的多方位偶极横波远探测成像测井技术；三是独创了双源延时反向激励声波测井技术，突破了套管井胶结不好情况下的“过管隔声”瓶颈，成功解决了过套管声波测井这一世界性难题。该项成果实现了声学测井“装上眼、透过管、看得远”。项目成果获省部级技术发明一等奖、二等奖各1项，并荣获国际勘探地球物理学家学会(Society of Exploration Geophysicists，SEG)国际奖。

成功研制海底冷泉拖曳式快速成像系统，加速我国冷泉研究进程。海底冷泉、海底热液和天然气水合物是 20 世纪海洋地质学领域的三大发现。国内关于海底冷泉快速成像装备的研制长期处于空白状态。海洋矿产资源评价与探测技术功能实验室栾锡武研究员团队研制完成了一套用于考察船拖曳调查的海底冷泉快速成像系统，在拖曳的条件下能够实现对海底冷泉的快速成像，可以通过图像辨识海底冷泉的位置及冷泉气泡群的宽度、高度与形态。不仅如此，该系统能够对水体中的藻团、藻层、鱼群、营养盐层、富氧层、温盐等引起的密度层、内波、涡旋、冷涡等进行成像，将传统的以计算为主的物理海洋学发展为直观成像海洋学，大大推动了地震海洋学的发展。

(四)海洋生态环境演变与保护

创新有害藻华应急处置技术，保障近海生态环境安全。在以往絮凝理论研究的基础上，进一步从生理生化和分子生物学角度证明了添加改性黏土后，水体中未被絮凝藻细胞的生长和增殖受到抑制，丰富了改性黏土去除有害藻华理论。开展改性黏土絮凝浒苔微观繁殖体和球形棕囊藻囊体的相关研究，研发适用于近岸养殖区的可移动式改性黏土专用喷洒装备。关于改性黏土法防控有害藻华研究进展的综述性论文已在国际期刊*Harmful Algae*上发表。该技术应用于北戴河敏感水域的有害藻华防控，以及2017年金砖五国峰会期间厦门近岸海域的有害藻华防治，为峰会的顺利进行提供了环境保障。2017 年 6 月，与智利Virbac-Centrovet公司在上海签署了改性黏土技术应用于智利赤潮治理的合作协议，标志着改性黏土技术作为我国拥有自主知识产权、可大规模现场应用的赤潮应急治理技术走出国门，揭开了我国绿色环保技术践行“一带一路”倡议的新篇章。

实施胶州湾海域长期监测与研究，提出维持海湾生态系统健康策略。以胶州湾作为我国近海代表性海域，进行了长达30年的长期观测和10多年的系统综合研究，先后出版针对胶州湾生态系统研究的专辑、数据集、图集和一系列的论文与专著，对胶州湾生态系统的长期变化、系统演变、驱动机理、发展趋势和应对措施等进行了详细的研究与分析；对海湾生态系统研究的理论、方法和问题进行了深入探讨；通过与世界上不同类型的典型海湾进行比较，系统地研究了海湾生态系统中的共性问题和不同类型海湾的特性问题，并对维持海湾生态系统健康发展的关键过程与策略进行了综合研究与探讨，提出相应的解决途径与系统方案。该研究取得了一系列国际领先的创新成果，出版专著、图集、数据集5部，授权专利4项，发表研究论文67篇，其中被SCI论文引用182次，被CSCD论文引用486次，揭示了海湾生态系统演变的过程与机理，为基于近海生态系统的管理提供重要的科技支撑。本成果于2017年8月获得海洋科技奖一等奖。

突破海洋牧场建设关键技术，支撑现代渔业生产与近海生态环境健康发展。针对海洋牧场定义模糊、缺乏建设标准等问题，出版专著并制定海洋牧场系列标准，引领海洋牧场建设；针对近海海草（藻）床受损、产卵场消失等生态系统荒漠化的突出问题，创新生境构建关键设施与技术，实现海洋牧场生境从局部修复到系统构建的跨越；针对牧场自然种群补充不足、急需人工修复等关键问题，突破关键物种扩繁和资源修复技术，实现生物资源从生产型修复到生态型修复的跨越；针对牧场资源生物修复效果难以评价、环境监测和风险预警预报技术亟待建立等关键问题，突破牧场生境监测、评价和预警预报技术，实现资源环境从单一监测评价到综合预警预报的跨越。应用示范结果表明，海洋牧场生境显著改善，生态系统更趋稳定，海洋牧场核心区多保持在一类水质，经济生物种类增加29%～46%，资源量增加2倍以上，实现了企业发展与渔民收入同步提升、海域生态与产出效益同步改善。创建“科研院所+企业+合作社+渔户”相结合的“泽潭模式”，渔户平均年收入由5万元提高到11万元，近3年示范推广面积45.6万亩[①]，经济效益55.75亿元。

发现海洋细菌合成DMSP的新途径，评估海洋细菌对全球DMSP的贡献。二甲基巯基丙酸内盐（DMSP）是地球上最丰富的有机硫分子之一，也是“冷室气体”二甲基硫（DMS）的主要前体物质，后者在气候变化和全球硫循环中发挥重要作用。最近研究发现，除真核生物之外，分离自我国东海水体的聚团拉布伦茨氏菌也可以合成DMSP，这是首次发现海洋异养细菌可以合成DMSP。研究进一步从聚团拉布伦茨氏菌中鉴定出了DMSP合成的关键基因，而此前一直未能在任何生物中鉴定出DMSP合成的关键基因。海洋细菌可以合成DMSP的重要发现表明，科学家之前可能大大低估了DMSP的产量、分布及其环境效应。海洋细菌中DMSP合成关键基因的发现，可以使科学家们预测哪些细菌能够合成DMSP，并评估海洋细菌在全球DMSP产生中的贡献。该研究成果发表在国际权威杂志 *Nature Microbiology* 上。

研究石墨烯材料的生物毒性效应，发现其对藻细胞的直接物理切割作用。石墨烯材料的生物毒性效应已引起广泛关注。对三种石墨烯材料[氧化石墨烯（GO）、还原型氧化石墨烯（rGO）、多层石墨烯（MG）]的毒性机理研究发现，三种石墨烯材料对淡水藻蛋白核小球藻细胞的半数效应浓度（EC50）分别为 37mg/L、34mg/L、62mg/L。悬浮性良好的GO会通过遮蔽效应抑制藻细胞生长，且遮蔽效应产生的毒性占GO总毒性的17%。聚团效应试验及光镜观察表明，疏水性的rGO、MG比GO更容易与藻细胞发生异相聚团，进而增加rGO、MG与藻细胞相互接触的概率。流式细胞仪分析结果表明，三种石墨烯材料均会破坏藻细胞的膜完整性，且rGO导致膜损伤程度最强，通过DNA渗漏及K^+渗漏试验进一步验证膜损伤结果。氧化胁迫试验及扫描电镜、激光共聚焦显微镜观察结果表明，氧化胁迫、物理穿刺和提取的综合作用是三种石墨烯材料产生膜损伤的主要原因。三种石墨烯材料均会吸附培养基中的大量元素（N、P、Mg、Ca），导致培养基养分耗竭，进而间接对藻细胞产生毒性。表面含有大量官能团的GO引起的养分耗竭最强，且养分耗竭产生的毒性占GO总毒性的53%。本研究成果发表于国际期刊 *Water Research* 上，是结合电镜和共聚焦显微技术且首次发现石墨烯对藻类细胞的直接物理切割作用的研究。

剖析百年人为、自然环境变化，评估胶州湾潜在生态风险。对胶州湾沉积物中的生源要素和重金属（Cr、

---

① 1亩≈666.7m^2

Mn、Ni、Cu、Zn、As、Cd与Pb)形态与粒度响应过程的研究，以及对生源要素与重金属来源、生物可利用性及潜在生态风险的评估发现，重金属主要富集在粒径小于63μm的沉积物中，并以残渣态为主。潜在生态风险指数表明，胶州湾遭受较低的生态风险。胶州湾的有机质来源以海源(45%～79%)为主，湾内与湾口分别从20世纪20年代及21世纪开始呈现潜在的富营养化，湾外区域的环境从1916年开始也发生了变化。该研究实现了对胶州湾百年来环境变化人为和自然因素的定量甄别，为持续利用胶州湾提供了不可多得的系统认识和科学指导。其系列成果发表于 *Estuarine Coastal and Shelf Science*、*Ecotoxicology and Environmental Safety* 等国际重要学术刊物。

确定黄海浒苔绿潮发生源头，提出绿潮生态灾害防控策略。由大型绿藻浒苔形成的绿潮在南黄海连续暴发长达10年之久，对山东、江苏沿岸的旅游业和海水养殖业造成了巨大损失。鳌山科技创新计划项目“近海生态灾害发生机理与防控策略”重点针对黄海绿潮连续多年暴发的关键科学问题及我国近海其他生态灾害现象，开展灾害成因和防控策略研究，在绿潮成因、预测预警和发展态势等方面形成了系统的科学认识，研究确认苏北浅滩海域为漂浮浒苔的源头。基于浒苔生长模式，提出了提前防控、前置打捞的防控策略。通过多学科综合研究，提出了应用“绿潮综合指数”预测黄海海域绿潮总体规模的思路，有望提前30～40d预测黄海海域的绿潮规模，为黄海绿潮的预测预警及综合防控提供了科学支撑。

(五)深远海和极地极端环境与战略资源

实施“蛟龙号”南海潜次，获取多学科研究样品和认识。2017年4～5月，海洋地质过程与环境功能实验室主任石学法研究员组织科学家搭乘“蛟龙号”载人深潜器对南海中部的典型海山和南海东北部的陆坡区进行了考察(大洋38航次第二航段)，总共实施了4个潜次，并取得重要科学发现。在黄岩岛海山链的珍贝海山实施了2个潜次，沿珍贝海山的一条断面从山底到山顶进行了近底观察和取样，获得了多块具有精确位置的新鲜玄武岩样品，观察到了玄武岩的产状和分布，为研究新生代南海海山的形成演化奠定了基础，对于认识南海构造演化也具有重要意义。在南海东北部的陆坡区实施了2个潜次，观测到了台湾峡谷现代浊流的直接地貌学和沉积学证据，大大丰富了对南海地区峡谷浊流的科学认识。在海山区和陆坡峡谷区获得了大量大型底栖生物样品、沉积物样品和海水样品，这对于南海生物学和生态学研究也具有重要意义。

反演冰期-间冰期旋回的动力过程，揭示北大西洋(高纬)古气候突变机理。20世纪80年代，科学家们在格陵兰岛的冰芯记录里发现，在过去的2万～10万年前(末次冰期)，北半球高纬度地区的温度可在短短几十年内发生超过15℃的剧烈变化，此类突变现象的发生与大西洋经向翻转流的变化有着密不可分的关系。通过气候模拟，海洋地质过程与环境功能实验室张旭团队提出了一个新的动力机制来解释这类气候突变事件：在冰阶期，大西洋经向翻转流是一个停滞状态，北大西洋温度较低；随着二氧化碳浓度的升高，热带海洋出现类似于厄尔尼诺现象的海表温度响应，导致赤道东太平洋的增温远快于副热带大西洋，这将造成赤道信风的增强，使得更多的水汽从大西洋输送至太平洋，引起北大西洋海表盐度及密度升高，逐渐削弱北大西洋深水生成区的垂直层结；当二氧化碳浓度升高到一个临界值后，冰阶期原本稳定的垂直层结被打破，垂直混合加剧，整个经向翻转流重新启动，进而引起北半球温度的突然升高。该研究成果被各大媒体报道，线上受关注度指数(altmetric index)为180，是同时期约25万篇发表文章中前2%的文章。

开展贻贝亲缘种比较转录组学研究，揭示深海贻贝环境适应分子机制。通过对比两种深海贻贝(分别来自热液和冷泉)与两种近海贻贝(分别来自暖水区和冷水区)的特征，发现所有贻贝中都存在大量与抗胁迫相关的基因，这些与抗胁迫相关的基因家族在深海贻贝中并没有发生扩张或者特有化，表明深海贻贝和近海贻贝都具有适应不同胁迫环境的能力。相比于近海贻贝，深海贻贝最显著的特征之一就是含有细胞内共生菌。研究结果还表明，在深海贻贝中，代表性的模式识别受体(PRR)在整体上发生了收缩，可能是有助于促进共生菌进入宿主中。同时，在深海贻贝中也发现了一些特有的和受正选择的TLR受体及一致高表达的C1qDC蛋白，这些受体可能与共生菌的识别有关。此外，在深海贻贝中，大量与运输相关的基因受到正选择或一致高表达，可有助于宿主为共生菌提供必需的营养基质。同时，与溶酶体活动相关的关键基因在深海贻贝中都受到了正选择或者一致高表达，表明宿主主要是通过溶酶体消化共生菌来获取营养物质，该研究提供了第一个转录组证据支持这一营养方式。

发展深海探测技术，实现海底冷泉系统的精细探测与原位监测。海洋矿产资源评价与探测技术功能实验室孙治雷研究员团队利用多种技术手段在南海发现迄今为止全球最大的海底麻坑和冷泉群，在我国某重点海域发现多个大型海底冷泉。所调查冷泉均发育巨量宏生物、微生物和碳酸盐岩，并监测到了正在喷发的高通量气泡羽流，实现了深海资源勘查和环境精细探测的重大突破。自主研发的声学深拖系统、海底多参数原位观测系统等一系列深海探测先进仪器设备，在冷泉原位探测中发挥了重要作用。同时，在深海探测装备创新的基础上，又掌握了近海底三维快速精准锁定海底冷泉的技术方法，制定了“ROV 下潜扫描-摄像及精细取样-原位监测”三合一的冷泉探测工作流程，形成了一整套国内领先的深海冷泉探测技术体系，实现了深海探测技术的创新。

自主研发海洋电磁探测技术，有效缩短与发达国家的技术差距。海洋资源勘探目前主要依赖传统的地震学方法。在成功研制具有自主知识产权的大功率海洋可控源电磁勘探系统的基础上，海洋矿产资源评价与探测技术功能实验室李予国教授带领海洋电磁探测技术与装备研发团队完成了两项具有标志性意义的深海试验。2017 年 3 月，以该团队为主研发的大功率深海海洋电磁勘探系统于中国南海北部海域进行了海洋试验，成功完成我国首条深海可控源电磁探测剖面，探测共布设 3 条测线，投放研制的海底电磁接收站 23 台次，最大水深 1515m，全部成功回收，大功率水下电流发射系统连续正常工作累计 42.5h，其输出电流达 763A。初步形成大功率深海可控源电磁勘探作业流程及施工技术，包括采集站投放和回收技术，发射源布放、控制和回收技术，甲板实时监控技术及定位技术。海试成功标志着我国一举打破国外技术垄断的局面，具备了在浅海和深海独立进行海洋电磁探测的能力，成为继美国、挪威之后具备研发大电流水下逆变系统能力的国家。同年 5 月，成功完成了我国首次在西太平洋 4500m 水深海域的海洋电磁观测，利用该技术探究研究区域的地壳及上地幔电性结构，海试成功标志着我国电磁探测技术具备了向深远海挺进的能力。所有海试系统已实现关键部件国产化，表明我国该探测系统自主研制水平已位列国际前沿。

(六)海洋技术与装备

成功研制“海鳐”波浪滑翔器。“波浪滑翔器无人自主海洋环境观测系统”是我国自主研发的一款新型海洋无人航行器，可搭载 ADCP、温盐深仪(CTD)、水声、光、磁等多种传感器，完成大范围、远距离的海面气象参数观测、海表水动力环境参数监测、水下目标探测等任务。利用海水波浪能获取滑翔器系统自主航行的动力，利用太阳能获取机载测试设备的运行动力，具有健全的航行控制和能源管理策略，实现规划航线航行。经各项海上实航试验验证，负载能力、航行速度、航行精度、定点锚泊精度、海洋环境探测功能等各项性能指标达到国内领先水平，该产品目前进入应用示范阶段，已具备小批量生产的能力。

建成深海坐底式集成观测系统，实现我国深海海底边界层多参数数据获取。深海坐底式集成观测系统是我国自主研发的深海海底边界层测量系统，可搭载透射计、视频系统、CTD 和 ADCP 等多种海洋数据测量仪器，可工作于 11km 的深海，采集图像视频、边界层流及浊度等观测数据。I 型样机经历了马里亚纳海沟近 1 年的残酷深海环境考验，于 2016 年 9 月被“东方红 2 号”科学考察船成功打捞回收，设备完好且获得了完整的深海边界层测量数据；II 型样机于 2017 年 2 月搭载海洋第二次马里亚纳海沟科学考察船，布放于 6km 的大洋深渊。该产品处于国内先进水平，具备批量生产能力。

实施海洋智能观测装备立体组网，海试应用超过预期。基于海洋“中尺度涡”现象，完成了以“海燕”水下滑翔机、C-Argo 浮标、综合调查潜标为核心的国内最大规模海上立体组网综合调查，标志着海洋国家实验室在深远海观测技术发展及深海组网观测研究方面走到了世界前沿。此次调查任务所用设备均为我国自主研发的新型海洋智能装备，包括“海燕”水下滑翔机、波浪滑翔机、C-Argo 浮标共 18 台、深海系列全水深综合调查潜标 13 套，同时包括光纤水听器阵、小型水下航行器(autonomous underwater vehicle，AUV)(也称无缆水下机器人、自主式水下潜器)等，总计 30 余套海洋观测先进装备。海上调查作业覆盖了大气-海水界面至 4200m 水深范围的 14 万 km^2 海区，针对我国南海北部“中尺度涡”及其诱发的“亚中尺度涡”和温盐、水声、海流、生化等要素进行多平台长期协作观测，开展固定平台与移动平台有机结合的多学科综合立体协同组网观测，以揭示“中尺度涡”这一重要海洋现象的能量串级过程，是目前国际上针对海洋“中尺度涡”现象开展的设备类型最多、数量最大、覆盖海区范围最广、持续时间最长、观测数据类型最丰富的一次海上综合调查。

光纤水听器研发取得新进展，为研究海洋“中尺度涡”提供环境噪声数据。光纤水听器可以用来构建各种水面舰艇、潜艇、无人潜器的声呐探测系统，港口、海岛、海峡、海底、海上钻井平台等重要区域的水下安防系统，以及海洋油气资源勘探设备中的地震波检波器拖缆及海底地震或海啸等自然灾害的预警系统等。相关团队通过对高灵敏度光纤水听器及超细光纤水听器阵列相关技术的研究，掌握了小尺寸细径光纤水听器探头的高灵敏度结构设计、抗加速度设计、成缆封装、信号解调等一系列关键技术。先后研制干涉型、光纤光栅型和激光器型等多种光纤水听器阵列的原理样机，在面向海洋“中尺度涡”最大规模的海上立体组网综合调查过程中，对目标海域的环境噪声进行了长时间连续的探测与数据收集，首次为海洋“中尺度涡”的研究提供了珍贵的海洋环境噪声原始数据，拓展了以往单种平台的调查方式，实现了水面、水下、定点与移动平台相结合的大规模协同观测。

全海深高清相机“海瞳”万米海试成功。成功解决深海超大压力、折射率变化和光谱选择性吸收改变等严峻的客观条件下大视场、高清视频信息获取的难题，突破全海深干仓密封、像差校正、色彩复原、水下图像增强等关键技术。全海深设计工作水深达到12km。参加2017年中国科学院深渊科学考察队TS03航次海试，先后3次下潜至7km深度、2次下潜至万米深度，最大潜深达10 909m；实际采集到长达12h的万米高清视频数据。该相机首次记录下了位于8152m深处的狮子鱼，这是国际上观测到鱼类生存的最大深度。“海瞳”相机记录的相关视频影像资料为马里亚纳海沟深渊的海洋生物研究、物理海洋等多学科研究提供了重要的原始数据。

研究纳米负载自催化阻锈剂的催化活性和机理，成功制备新型有机迁移阻锈剂。海洋钢筋混凝土结构的腐蚀防护，是攸关蓝色经济可持续发展的重要新兴产业。新型有机迁移阻锈剂具有环境友好性和强力渗透性，逐步取代传统无机阻锈剂成为海洋工程防腐学术前沿关注的热点。海洋国家实验室科研团队指出通过催化阴极氧还原、提高防腐性能的理论可行性，采用新型功能纳米材料对海洋天然提取物进行化学负载，研制自催化型高效有机迁移阻锈剂，通过高灵敏度电化学测试、化合物原位追踪表征、时间分辨微观显像和无损立体式在线传感技术，研究了海洋腐蚀环境下纳米负载自催化阻锈剂的催化活性和机理，证实负载阻锈剂在钢筋表面的防腐长效性和迁移时效性。成果转化和实施有望突破海洋工程防腐关键技术瓶颈，丰富完善钢筋混凝土腐蚀失效控制的理论研究基础，对延长海洋基础设施服役寿命、降低工程能耗、遏制近岸生态污染提供理论指导和技术支撑。相关研究成果发表在*Corrosion Science*等期刊上。

二、自主研发项目

(一)鳌山科技创新计划重大项目

“两洋一海”透明海洋科技工程。针对印度洋海区的季风爆发等海气相互作用及印尼贯通流物质输运变异及其关键的海洋及海气动力过程，项目组继续推进观测及机理研究工作。在西太平洋深海过程及海气相互作用研究方面，成功布放综合大浮标1套、小型浮标1套，并成功回收布放在马里亚纳海沟挑战者深渊最深处的1套万米深海观测潜标，观测最深处达9km，获得数据将为开展西太平洋深海区海洋环境变化研究、理解海洋低频变异特征、解释深海环流运动机理及物质输运提供宝贵数据支撑。针对黑潮及延伸体海区多尺度的海洋及海气相互作用过程，成功布放综合浮标1套，对“两洋一海”预测预估的关键物理过程和模式研发开展系统研究。2017年主要进行了关键物理过程的现场试验及科学实验，为海洋混合及海气界面动量通量的参数化提供支撑；继续推动了全球和区域耦合模式的研发，考虑波致混合和潮致混合的作用，完善浪-潮-流耦合海洋数值模式，实现大气模式、海洋模式和海浪模式的数据交换和耦合；进一步开展了厄尔尼诺-南方涛动(ENSO)可预报性的理论研究。

印度尼西亚贯穿流源区海洋环流的结构特征和动力机制研究。实施了 2 个航次的综合调查，一是 2017 年“IOCAS-RCO/LIPI 印尼海联合调查航次”，回收 10 套潜标，布放 11 套潜标，完成 107 个 CTD 站和生物拖网站，采集 2 个柱状样品、15 个漂流浮标和 82 个探空气球等观测任务。二是执行国家自然科学基金委员会西太平洋海洋学综合共享航次，在 130°E 断面低纬度海区回收深海潜标 1 套，并重新布放物理水文和地质沉积物组合潜标 2 套。针对棉兰老涡和哈马黑拉涡沿 130°E 断面进行了 32 个站位的多学科综合观测，对于揭示热带厄尔尼诺和拉尼娜现象的动力过程有重要意义。在西边界流区布放 142 套高频定位漂流浮标，用于“次中尺度涡”的观测，这在国际上尚属首次。同时，航次完成了 38 个站的 CTD 作业（其中含 20 个全水深站）和 22 个站位的走航弃投式海水温盐深剖面测量仪（expendable conductivity temperature and depth system，XCTD）观测，布放漂流浮标 28 套。

海洋与气候系统数值模拟平台建设关键技术。加大外海观测力度和强度，加大卫星海洋要素遥感产品的反演研究力度，形成以国产卫星为主的海洋环境要素产品，建设高效 input/output 函数库（IO 函数库），发展多源数据海洋同化系统，搭建多模式耦合的海洋生态和鱼类模型，提高海洋模式预测预报能力。依托南海博贺和东海东瓯海上观测平台，开展常规气象、海气通量、海浪、海流等要素的定点连续精细化观测试验。其中，在博贺平台获取了连续 10 个月的数据，在东瓯平台获取了连续 3 个月的数据。利用风-浪-流多功能实验水槽开展了波-湍相互作用的实验室实验。完成实时潜标通讯部分的系统构成与功能的规划设计，开展 9602 模块的功能实验，完成 9602 集成板卡、板卡控制逻辑和通信协议。针对目前主流海洋模式的水平和垂向网格设置，完成通用的海洋数据集合调整卡尔曼滤波（ensemble adjustment kalman filter，EAKF）同化系统，评估多变量联合调整过程和数据同化对准业务化预报结果的影响，将同化系统应用于气候预测模式中。以国产海洋卫星为主，提出了多源遥感资料数据时空配准和融合算法，构建了全球范围内网格化的海面温度与海面风场数据集。已完成 2015 年海面温度（sea surface temperature，SST）融合数据产品、2015 年 HY-2/SCAT 网格化风场数据产品。针对高分辨率海洋模式发展需求实现模式计算与模式 I/O 自动重叠，形成一套面向高分辨率海洋模式和气候模式的高效并行 I/O 库。潮致混合参数化方面，建立了渤、黄、东海的潮汐数值模式，结合模式与观测资料，给出了潮致垂直混合涡动黏性系数的参数化方案。

透明海洋深海观测关键技术。针对当前移动观测平台和固定观测平台所面临的技术挑战和发展趋势，支撑国家实验室“透明海洋”工程建设，重点针对目前移动观测平台和固定观测平台技术中的瓶颈问题开展如下工作。一是针对水下移动观测平台，设计一种基于海洋环境压差能的混合浮力调节系统，为大深度海洋移动观测平台研制提供关键技术保障；研制海洋传感器综合接驳试验服务平台，测试和检验多种传感器与载体平台的集成需求；研制北斗卫星深海耐压天线，为敏感海域数据传输提供安全保障；研发基于移动平台的海流观测算法，实现水下移动平台的海流观测；进行水下移动观测平台的表面涂装和工艺设计，对观测平台提供可行的工业化设计方案。二是针对水面移动观测平台，通过提高投弃式海气通量浮标姿态稳定性和可靠性等关键技术，使移动观测平台海气通量观测更加稳定、可靠，并通过新型波浪能收集装置设计方案，实现为浮标平台电源模块供电，延长浮标的在位测量周期。三是研制潜标实时通信低功耗长期运行和系统高可靠性稳定关键技术，实现复杂海况条件下深海潜标数据的实时化和准实时化回传并长期稳定工作。

针对水下移动观测平台浮力调节问题，主要进行基于海洋环境压差能的混合浮力调节系统方案设计，包括主动浮力系统和海洋环境被动浮力调节系统方案设计，为进一步开展详细技术设计和产品研发奠定基础。为实现水下观测平台多传感器搭载，完成接驳舱内部电源管理及通信部分的工作。在载体平台定位和通讯方面，完成卫星通信定位模块的总体设计及详细设计，完成 2km 北斗深海天线的设计并开始加工。为开发载体平台装载的海流传感器，完成移动平台海流观测的总体实施方案和试验方案。为实现水下移动观测平台的工业化设计，对浮标体的设计进行充分的研究，提出整体的设计方案。

生态养殖承载力与可持续生产模式战略研究。结合历史数据和现状分析，选择有较好研究基础的典型海域开展自然环境和养殖环境承载力调研、进行近海生态系统各要素合理配置的空间布局分析；从生态系统、环境安全和生物资源的变动综合分析近海环境承载力，提出我国典型近海区域渔业生产经营空间布局和可持续发展模式，从局部典型案例分析提出对我国近海海域养殖发展策略的客观、全面预判，形成建议报告，进而推动国家设立近海环境承载力和生态系统评估预测重大专项。

近海生态灾害发生机理与防控策略。针对中国近海生态系统健康问题，以有害藻华和水母暴发等海洋生态灾害为重点，以长江口及其邻近海域作为主要目标海域，拟深入开展近海生态灾害问题发生机理、预测方法与防控对策的研究。

对黄海海域大规模绿潮成因与应对策略展开研究。重点针对苏北浅滩区漂浮绿藻来源开展了系统研究，进一步确认养殖筏架和浅滩环境在绿潮早期发展过程中的作用，提出通过浅滩绿潮指数预测黄海绿潮总体规模的思路，并对 2017 年度黄海马尾藻(铜藻)可能导致的灾害问题进行了预警。对黄海水母灾害发生过程、源头和成灾机理展开研究：建立较为完善的致灾水母生活史早期阶段样品的检测方法，探索分子生物学方法在水母生活史早期阶段样品检测中的应用潜力；对大型水母分布状况的年际变化及其与环境因子的关系进行了统计分析。对典型有害藻华形成机理与防治对策进行研究：研发针对球形棕囊藻的高效改性黏土，实现改性黏土的工程化生产；研究东海原甲藻和米氏凯伦藻的分布情况；构建藻和甲藻赤潮演替模型，对硅藻和甲藻赤潮的季节演替过程和长期演变趋势进行分析；分析黄、东海海域藻毒素的组成、含量及其分布情况；开展渤海褐潮区扇贝生长情况及其相关生态、环境因子监测，初步研究了不同 pH 条件对褐潮藻种生长和光合作用的影响。对我国近海典型海域生态系统综合观测方面展开研究：在黄、东海海区组织进行了 3 次大面积观测，对苏北主要入海河流进行了逐月连续观测，在苏北浅滩海域开展了 4 次现场观测，获得系列研究成果。对海洋生态灾害与生态系统动力学模式方面开展研究：建立了渤、黄、东海精细化浪-潮-流耦合海洋动力学模式和海洋沉积动力学模式，实现了海洋动力-沉积-化学-生物过程的耦合；完成水母无性世代与有性世代模型的连接调试和沙海蜇种群 20 年年际变化模拟，通过敏感性试验分析了温度对水母暴发过程的影响及其机制；完成赤潮模式生态过程与物理模式的耦合。

中国海洋生态文化研究。旨在概括提炼海洋生态文化的基本理念与内涵，分析阐明我国海洋生态文化发展当下存在和未来面临的主要问题，研究提出了我国海洋生态文化发展应有的战略指向和对策建议，为海洋生态文明建设提供理论依据。完成了研究报告(初稿)，通过了中国生态文化协会会同全国政协人口资源环境委员会、国家海洋局组织的专家评审，列为由中国生态文化协会会同全国政协人口资源环境委员会、国家海洋局组编(全国政协人口资源环境委员会副主任、中国生态文化协会会长江泽慧主编)的《中国海洋生态文化》的两编内容(即《当代中国海洋生态文化发展局势》编、《中国海洋生态文化发展战略》编，共 12 章；全书共 4 编，占全书内容的一半)，并在中国生态文化协会会同全国政协人口资源环境委员会、国家海洋局组织的《中国海洋生态文化》汇报会上展示了研究成果。

蓝色生物资源开发利用。突破离岸深水生产平台构建关键技术，研制智能化养殖关键配套设施，研发专业化、多功能工程作业船，构建离岸深水养殖工程化新模式，维护国家极地权益，助力践行“一带一路”倡议。该项目完成验收，取得系列创新性成果：建立了磷虾资源声学调查与评估方法、设计了磷虾虾粉船载生产工艺与装备及砷、虾青素等关键质量指标的检测方法；建立了陆基船舱环境噪声模拟试验平台、船载舱适养品种的选择和评估标准，研发了新型升降式网箱及设施设备和适宜深远海养殖的渔业种类的繁育技术；解析了近海渔业资源结构的演替过程及资源效应，研究了主要渔业种类的种群动力学及其资源增殖和产卵场生境重塑，集成创新了海洋牧场资源与环境监测平台系统，发展了海洋生态灾害和突发性海洋污染事故的生态评估技术；绘制了凡纳滨对虾等 5 种生物基因图谱，建立了全基因组标记分型新技术，开展了经济性状精细定位和解析研究，构建了近海贝藻生态养殖和池塘多营养层次综合养殖模式，建立了病原的快速检测技术，研发了饲料中鱼油替代技术；深度挖掘了海洋药物新资源，研究了抗肿瘤候选药物 ASP-A 的作用机制，开发出 3 种新型低毒海洋生物农药、1 种海洋生物抗逆肥料、2 种寡糖动保制品；完成了我国首个极地海洋科学战略研究报告，推动我国极地海洋科学战略研究。发表论文 172 篇，其中 SCI 论文 125 篇；软件著作权 12 项，授权专利 17 项；省部级科技成果奖励 11 项；获得各类人才称号 30 人次。

亚洲大陆边缘地质过程与资源环境效应。完成对西太平洋和东印度洋海底地质作用过程、海底矿产资源分布规律、海底环境变异和演化历史、重大海底灾害的全面探测和认知，实现对重点区域矿产资源评价预测、海底环境变化和重大灾害预测与防治能力的重大突破；揭示欧亚、太平洋和印度-澳大利亚三大板块之间相互作用的演变与机理，从深部地球动力学结构上认识影响亚洲大陆边缘海发育的主控因素，阐明大陆边缘演化对环境气候和海底灾害的影响；开拓海洋矿产资源新区、新层位和新领域，研发先进的具有自主知识产权的海底探测技术与装备，构建亚洲大陆边缘海底资源环境安全保障服务系统，建立深海海底探测的关键技术体系及产业化基地。项目执行期满，已完成课题验收。获得世界上首个横贯南黄海海域到韩国西部陆地长达 500km 的海陆联合深部地震探测剖面，首次建立了解释冲绳海槽中部流纹岩成因的部分熔融模型，形成甲烷渗流通量是影响水合物形成的重要参数、水合物潜在赋存的泥火山区的甲烷释放活动在空间上存在强烈差异等新认识。编制了安达曼海中部沉积物类型图，指示了陆源物质对调查区悬浮体输运的控制作用；开展了马里亚纳海沟深海海底边界层沉积动力学研究，完成了自升式三脚架深海综合观测平台的设计、研发工作；完成一套 Sr-Nd-Pb-Hf 同位素数据的测试，解释了黄海基底成因，提出了俯冲带成因最佳假说的地质学验证；实现了四项技术和方法，制定了我国海洋地质灾害研究路线图。研制近浅海埋藏式宽频海底地震仪和全海深长周期宽频海底地震仪各一台；编写天然气水合物资源勘查高分辨率地震技术、地震数据的反演技术和海底工作站集成应用的总体设计方案，完成了第一代海底工作站样机，并开展了近岸试验；研制了一套低温高压反应容器，建立了一套含水合物的 CT 可视化探测技术，获得了甲烷水合物生长和分解过程的微观演化细节，定量描述了孔隙度等特征参数的变化情况；完成了海水全剖面溶解甲烷浓度异常测试和沉积物样品孔隙水分析工作，成功识别出水体异常现象的存在；研制出一套海底地磁日变站原理样机；完成了一套设备设计加工与组装，在南海北部陆坡及黄渤海海域试验表明该设备达到了设计指标。

“梦想号”大洋钻探船科学功能预研究。为推进大洋钻探船建设立项工作，海洋国家实验室适时启动了“梦想号”大洋钻探船科学功能预研项目。该项目旨在进一步调研我国大洋钻探科学应用需求，研究“梦想号”大洋钻探船的科学功能定位，确定“梦想号”大洋钻探船的船载实验室建设方案，开展西太平洋、印度洋关键目标区大洋钻探关键科学问题预研究，编制我国未来大洋钻探的实施规划(代拟稿)，为“梦想号”大洋钻探船建造立项提供科学依据，为未来实施以大洋钻探为核心的大科学计划做准备。

深海专项。在总体战略、西太平洋深层海洋动力过程和气候效应、深海地质过程与资源环境效应、深海典型生境生物多样性与生态系统研究和深海技术与装备研发方面取得了重要进展。完成研究报告 1 份、专题报告 3 份。在深海动力过程、深海地质过程、深海环境、深海生物及深海技术与装备方面开展研究，并取得重要成果。

蛟龙号专项。根据国家发展深海大洋探测技术的重大需求，2017 年，调查潜次由原来 5 个调整为 3+1 个，其中重点开展黄岩岛海山岩石学研究和南海北部浊流活动的地貌学研究。通过调查，获取了深潜区高精度地形地貌、影像、水样、岩石、沉积物和生物样品。基于所获取的资料和样品分析，完成了地质、微生物药学和海洋生物等方面的研究任务。

大数据与智能计算平台技术研发及应用示范。建成集海洋大数据智能获取、智能传输、智能存储、智能处理、智能分析和智能安全等完整数据链于一体，覆盖全球海洋数据感知，涵盖所有涉海领域的海洋领域数据，获取最广、数据种类最全、数据规模最大、数据处理最快的国际一流海洋大数据中心。项目组开展了海洋大数据基础理论及关键技术研究；积极推进海洋大数据基础标准规范体系的建立、设计并实现了描述海洋大数据应具有的通用逻辑功能构件及构件之间的相互操作接口，初步建立数据基础服务平台的原型，同时开展海洋大数据等级能力评估体系研究；研究海洋大数据智能获取和实时传输系统所涉及的水下光纤传感器网络拓扑管理、水下无线传感器网络拓扑设计和管理、基于能量的水下无线传感器网络 MAC 层协议及路由层协议、“船联网”拓扑设计和管理等关键共性技术；实现了海洋多源异构大数据智能融合与重构，建立了完整统一的海洋大数据知识集；开展了海洋大数据智能存储与管理技术研究；实现了对海洋大数据的高效准确分析；在海洋大数据信息交换标准与共享规范完善制定的基础上，推进海洋大数据交换共享网络中的支撑软件平台建设；完成面向海洋大数据的云服务平台搭建；完成海洋大数据保密模型与加密算法研究；在海洋大数据与智能计算平台技术应用示范方面，面向海洋生物医药设计，完成大规模超算药物设计分子对接算法的设计。

“中国蓝色药库开发计划”关键技术预研。组建了权威的专家委员会；初步构建了海洋药物资源基础库，已收集了海洋药源生物、海洋中药材标本1200种，对其中的部分海洋药源生物进行了指纹图谱鉴定，为“海洋药用生物资源标本库”“海洋中药标本库”的建设打下了坚实基础；海洋药物先导化合物高效、定向、快速发现技术和典型海洋生物碱化合物改构与合成技术取得了重要进展；几种产品(海洋创新药物、特殊医学用途配方食品和医用材料)系统开发预研进展顺利，开展了抗 HPV(人乳头瘤病毒)候选药物聚甘古酯的临床前研究、药学和药效学研究、防治 HPV 感染的新型妇科凝胶(Ⅱ类医疗器械)、海洋特殊医学用途配方食品及医用胶原蛋白材料等的研究，并取得重要进展。

小型模块化 AUV 及配套温盐深测量模块研制。为支撑“透明海洋与国防安全”重大战略任务的实施、发展海洋观测与探测技术，针对目前海洋探测、考察和开发的需求开展相关研究。2017 年，开展模块化 AUV 的详细设计，完成详细设计方案的评审；开展了主要外购设备的采购工作及关键设备的筛选和测试，完成主要设备的测试工作；进行试验耐压壳体的耐压试验，完成了产品主要舱体的研制和加工；开展分系统调试工作，完成主推电机等系统的调试工作；开展 AUV 配套的温盐深测量模块的详细设计，完成详细设计方案的评审；开展 CTD 计量设备采购及校准技术培训工作；完成机械结构图纸设计；完成控制系统硬件设计及加工调试。

飞船返回舱高海况打捞回收关键技术。为积极服务于国家载人航天和海洋强国战略，本项目拟构建飞船返回舱海上回收技术保障系统。2017 年，在面向载人空间站工程飞船返回舱高海况打捞关键技术研究方面：开展基于 4～6 级恶劣海况条件下，面向载人空间站工程的飞船返回舱打捞起吊方法、动载荷演算与安全保障的技术研究，开展系统设备安全性分析，构建飞船返回舱恶劣海况打捞救援的技术方法体系；研究采用主被动复合波浪补偿控制关键技术，构建基于船舶多自由度运动与返回舱打捞技术参数匹配的波浪补偿控制模型；集成标志码传输包(packet identifier，PID)控制技术，开展返回舱起吊动态防摇技术及恶劣海况下飞船返回舱打捞起吊系统设备工况适应性研究，提高系统安全稳定性；通过机电液气与波浪补偿控制系统技术的集成，研发设计面向载人空间站工程的飞船返回舱高海况打捞救援与日常救助功能兼顾的“平战结合”系统设备。在飞船返回舱高海况打捞工况模拟及自动控制与模型试验研究方面：研究设计飞船高海况打捞救援系统设备的试验模型及多自由度工况模拟摇摆试验系统；构建满足飞船高海况打捞救援系统设备的试验模型和电液气集成的自动化控制模型进行工况适应性试验的摇摆试验台，并开展波浪补偿控制系统及打捞设备的试验研究；开展基于 MATLAB 计算机仿真软件的飞船高海况打捞救援系统设备的模拟试验，并对系统产品原型设计进行模型试验与仿真对比试验的相互验证，建立飞船返回舱高海况打捞救援系统控制理论与方法，并优化系统控制模型。除上述在研项目外，根据海洋国家实验室 2035 规划，2017 年度还完成了“观澜号”“海洋微型生物多样性格局与演化机制”“渔业船联网构建技术研究及示范应用”和“海底透视计划预研究”等多个项目论证。

(二)开放基金项目

2017 年 4 月，首批开放基金项目正式启动实施。开放基金项目是海洋国家实验室鳌山科技创新计划的组成部分，其定位一是要结合国家海洋科技发展面临的重大科学问题和关键技术难题，开展前瞻性、创新性、探索性研究；二是要孕育、产生具有颠覆性学术思想和原创性学术理念的研究项目；三是要凝聚培养青年人才，从而提升海洋国家实验室科技创新能力，为我国海洋科技发展建立思想库、任务库和人才库。

首批开放基金项目立项经费 4900 万元，支持项目 49 项，资助强度 100 万/3a。目前各项目研究进展顺利，部分取得突出成果。例如，武汉大学杨奕教授在“基于光流控技术的海洋磷酸盐检测芯片的研制”项目支持下，2017 年连续在 SCI 一区期刊发表 4 篇文章，累计影响因子达 28.251；浙江大学瞿逢重教授获得 2017 年国家自然科学基金委员会优秀青年基金资助。

（三）主任基金项目

2017 年 12 月，18 项主任基金项目启动实施，资助强度为 50 万/3a，投入经费共计 900 万元。主任基金项目主要用于支持海洋国家实验室实施“透明海洋与国防安全、蓝色生命与生物资源安全、海底过程与能源矿产安全、深海与极地极端环境、健康海洋与生态安全”等重大战略方向，体现前瞻布局、孕育创新、鼓励探索的变革性自主选题研究。

按照海洋国家实验室总体布局，本次遴选的资助项目覆盖了主任基金所有四大选题类型，主要针对下列内容展开：围绕海洋国家实验室战略部署的科技创新链条，关键瓶颈难题所产生的新思路、新想法的研究工作；具有非共识性质且具重大创新潜力的探索课题；海洋国家实验室急需的应急性研究工作；团队与平台建设所需的科研项目支持。本次项目设置极具针对性和创新性，预期取得显著成效。

（四）问海计划项目

问海计划项目采取成本支持加后补助资助方式，总投入 3750 万元，其中，1750 万元由山东省科技厅支持。该项目确立了“大洋 4km 自持式智能浮标”“大深度水下滑翔机”两大研发方向的 4 个项目。目前，各项目均已完成样机研制和水池、近海试验。

大深度水下滑翔机样机完成研制。大深度水下滑翔机项目组已完成总体方案设计和详细设计，完成耐压壳体设计、加工与测试。在前期工作基础上，突破了大深度浮力驱动单元技术、耐高压载体与密封等关键技术，目前已成功研制出 4km 级“海燕”水下滑翔机样机。

大洋 4km 自持式智能浮标样机完成研制。智能浮标项目组已完成样机总体设计、整体制作和装备调试，并完成水池试验；2017 年 8 月，在杭州千岛湖进行工程样机湖试；12 月，在青岛近海进行海试，验证了该工程样机在海洋环境下的设计功能及性能指标。

（五）蓝色智库项目

蓝色智库项目于 2017 年 9 月启动，旨在把握全球海洋竞争与合作态势，围绕国家经济社会发展和国家安全的重大海洋需求，针对国家海洋战略制定和实施中的重大问题，运用多学科交叉研究方法，开展综合性、系统性、前瞻性研究，为国家各级决策机构研判国际形势、确定发展战略、制定海洋政策提供决策参考和咨询服务。

现已启动“透明海洋与国防安全”科技创新战略任务、“健康海洋与生态安全”科技创新战略、美国海洋战略和海洋科技政策等 6 个重点项目研究课题。目前，课题研究工作进展顺利，有望取得预期成果。

第二节　科 研 成 果

一、学术论著

据不完全统计，累计发表学术论文 1339 篇，其中，SCI 收录 985 篇、*Nature* 及其子刊论文 49 篇；出版专著 49 部，其中，外文 5 部、中文 44 部。

二、授权专利

据不完全统计，获各类授权专利近 180 项，其中，国外发明专利 4 项、国家发明专利 175 项。

制定标准 21 项，其中，国家标准 2 项、行业标准 8 项、地方标准 8 项、企业标准 3 项。

三、成果奖励

据不完全统计，获省部级及以上奖励52项，其中，全国创新争先奖3项。

四、承担的国家重大科研任务

（一）自主研发项目

已立项鳌山科技创新计划项目21项、首批开放基金项目在研49项、首批主任基金项目在研18项。上述自主研发项目总经费2.45亿元，目前在研总经费约2亿元。

（二）重大科技专项

联合基金项目。5个功能实验室获得国家自然科学基金委员会-山东省联合基金项目资助，累计直接经费资助约1.8亿元，其中4个项目获滚动资助。

国家重点研发专项。国家重点研发计划“全球变化及应对”“深海关键技术与装备”“海洋环境安全保障”和“蛋白质机器与生命过程调控”4个专项中，10个项目获得资助，经费约2亿元。

（三）国家自然科学基金项目

据不完全统计，获批近240项，总经费约2.6亿元，其中，国家杰出青年科学基金项目3项、优秀青年科学基金项目6项、创新研究群体项目1项、重点项目14项、面上项目113项、青年科学基金项目88项、国际（地区）合作与交流项目11项、国家重大科研仪器研制项目2项。

五、人才与荣誉称号

2017年，海洋渔业科学与食物产出过程功能实验室包振民教授新入选中国工程院院士，海洋生物学与生物技术功能实验室张永安研究员、海洋矿产资源评价与探测技术功能实验室张怀研究员、海洋地质过程与环境功能实验室樊隽轩研究员获得国家杰出青年基金。另外，新增青年千人计划3人、万人计划青年拔尖人才2人、国家优秀青年基金获得者6人、泰山学者10人、山东省杰出青年2人、国家百千万人才工程入选者2人、科学技术部中青年科技创新领军人才3人、海洋领域优秀科技青年3人。

目前，共有两院院士30人、千人计划20人、国家杰出青年基金获得者63人、长江学者17人、万人计划14人、青年长江学者4人、青年千人计划14人、万人计划青年拔尖人才6人、国家优秀青年基金获得者29人、中科院百人计划43人、泰山学者58人、山东省杰出青年6人、国家百千万人才工程入选者22人、教育部新世纪优秀人才支持计划13人、科学技术部中青年科技创新领军人才9人、海洋领域优秀科技青年10人。

第三节　公共平台建设

按照“统筹规划、分步实施”原则，规范快速推进各公共科研平台建设和工作运行。其中，高性能科学计算与系统仿真平台、科学考察船共享平台、海洋创新药物筛选与评价平台实现稳定试运行，在团队建设、机制创新、科研服务、成果产出等方面初现成效。经过多轮研讨和论证，海洋同位素与地质年代测试平台、海洋高端仪器设备研发平台、海洋分子生物技术公共实验平台全面启动建设，并按计划推进设备购置、配套装修等基础条件建设。

一、高性能科学计算与系统仿真平台稳定试运行

围绕E级超算推进大装置落户。聚焦E级超算技术研发和应用支持，举办“海洋+E级超算论坛”“E

级超算鳌山论坛”和“智能超算与大数据”三期鳌山论坛；组织合作单位的 20 余名用户专家完成 E 级超算建设方案编写；与江南计算技术研究所、国家超算济南中心签署合作协议开展联合研发；编制 50MW 超大规模电力、天地一体化协同网络等关键基础设施建设方案。

完成基础支撑能力一期建设。平台一期基本计算能力建设现已完工，P 级（每秒千万亿次）计算系统及其配套环境系统已经建成并投入试运行；同期建成超算互联网实验网，实现济南、青岛两地超算中心高速专线互联，协同达到 2.6P 计算性能，成为全球海洋领域最快的超算中心。

推进园区信息化建设。基本完成园区基础管网改造，园区楼宇内综合布线和无线网络覆盖过半；建设开放基金管理、办公自动化、科研项目管理、人事管理、会议管理等业务系统并上线运行，稳步推进财务管理、资产管理、科研设备共享管理、视频会议、安防监控、能耗监测、停车场管理、楼宇门禁集成等应用业务系统建设及智能移动终端综合服务 APP 开发。

规划超算互联协同研发体系。与清华大学、北京大学、山东大学、山东省计算中心、浪潮集团、中国电信集团等优势技术单位签订合作协议，在智能超算与大数据技术基础理论体系、应用技术体系、产业应用、超算互联等方面开展全面合作，完成智能超算与大数据联合实验室、拓展超算互联网实验网、构建超算大科学装置群的规划建设，共同推进国际一流超高精度全球海洋系统计算仿真平台所必需的核心技术体系构建。

二、科学考察船共享平台运行初现成效

推进大洋钻探船立项工作。与中国地质调查局等有关方面联合全力推进项目预研及立项工作。编写大洋钻探船科学钻探功能和需求方案，参与编写大洋钻探船建设项目初步方案；参加国土资源部、科学技术部、工业和信息化部等组织的各类大洋钻探船立项专家论证；组织召开“‘梦想号’大洋钻探船科学任务——印太海底计划”“亚洲大陆边缘演化与西太平洋钻探”“东北印度洋及其周边地区沉积与构造演化”等多期鳌山论坛研讨会；配合国土资源部组织联合领域内院士专家积极建言献策，协调国家发展和改革委员会、科学技术部、工业和信息化部、财政部、交通运输部、国家海洋局、国家能源局大力支持项目立项和建设。近期，国家发展和改革委员会已正式启动立项审批工作。

充实和加强科学考察船队实力。截至 2017 年底，海洋国家实验室科学考察船队共有科学考察船 24 艘，总排水量超过 6 万 t，配备以“蛟龙号”“发现号”为代表的海洋调查装备数百台套，已具备物理海洋、生态渔业、海洋地质、海洋化学等多学科调查能力。航迹遍布渤海、黄海、东海、南海、太平洋、印度洋、大西洋和极地海域。一支组织完善、编排合理、功能齐全、开放共享的国家级海洋科学考察船队已基本成型。

健全航次共享管理制度体系。按照《科学考察船开放共享合作协议》和《海洋科考装备共享管理办法（试行）》，颁布实施《专项航次实施细则（试行）》和《功能航次实施细则（试行）》，探索建立共享航次的分类管理，开设专项、功能、搭载三类航次任务。

成功组织实施共享航次。2017 年收集整理各理事单位 11 个可共享航次（总计 463d），工作海区覆盖渤海、黄海、东海、南海和西太平洋海域，共收到来自 10 余家科研单位近 40 份的搭载申请。成功组织实施“万米深海行动计划”“蛟龙号南海潜次”“黄、东海综合调查共享航次”“黄海渔业资源与栖息环境调查航次”等共享航次，在统筹科研任务、开放数据成果等方面均实现历史性突破。

科学考察船共享门户网站系统已完成一期建设并上线试运行。首批共享航次和设备信息已经录入系统并在线公开，目前已接受全国 30 余家单位的 50 余项注册信息。实施海洋科学考察船队船岸一体化系统项目，开发船位信息监控、海上实验观测与交互、科学考察数据共享等功能，在完善和提高科学考察船队通讯能力的基础上，实现科学考察船队与岸上数据中心的互联互通。

三、海洋创新药物筛选与评价平台技术体系日臻完善

完成基础条件改造和建设。改造升级 2000m^2 实验室场地，并按领域配备小动物活体光学成像系统、

全自动流式细胞分选仪、高内涵成像分析系统等30余台套价值5000万元的大型先进仪器设备，形成从疾病靶点发现、药物筛选模型建立、药物高通量及高内涵筛选、计算机虚拟筛选到分子药理研究、细胞水平及动物体内活性研究、安全性评价等全方位的创新药物研发体系。

组建高水平专业技术团队。面向国内外招募20余名高水平科研及技术人才，由美国科学院、英国皇家科学院、美国医学科学院三院院士George R. Stark教授担任药物平台战略科学家，同时引进克利夫兰医学中心、法国巴黎第七大学多名教授担任平台项目科学家。形成以六大疾病(肿瘤、心血管、代谢性疾病、免疫、神经退行性疾病、病毒与病原微生物)及化合物结构鉴定为主要方向，领域分配合理、技术层次分明、学术实力强的研发服务队伍。

优化技术支撑服务体系。围绕重大疾病领域构建技术服务体系，在肿瘤、心血管、代谢性疾病等领域建立数十个分子、细胞和动物水平的药物筛选模型和功能评价体系，积累近百种细胞株，建立7条靶向药物高通量筛选系统。先后筛选肿瘤、免疫、神经营养、糖尿病、高血脂、抗老化等活性化合物两万余个，并发现百余个活性化合物和新药候选物。对外服务于15个省市、50余家单位，在领域内获得了广泛的应用。

推进“中国蓝色药库”建设。承担“中国蓝色药库开发预研项目”药物筛选评价部分；依托高性能科学计算与系统仿真平台计算能力，推进“智能超算药物组”计划，目前已完成170个肿瘤靶点4000万小分子的计算；以药物靶点和小分子库筛选结果为切入点，已初步建立智能超算药物组学数据库，探索建设“中国蓝色药库”海洋药物共享数据库。

四、海洋同位素与地质年代测试平台建设全面推进

有序开展平台基础条件建设。在日本、加拿大及国内加速器专业实验室进行了充分调研和考察的基础上，启动平台配套环境施工装修。完成核心设备——加速器质谱仪采购工作，陆续展开稳定同位素质谱仪等相关配套设备的购置，积极推动与加速器专业实验室密切相关的预处理实验室的建设工作。平台实现稳定运行后，实现对^{14}C、^{10}Be、^{26}Al的测年需求和对C、O、N、S等稳定同位素的分析测定。

基本完成平台技术团队组建。组建一支近10人的平台技术支持和服务团队，人员分别来自北京大学、奥本大学等国内外知名高校的海洋地质、海洋化学相关专业。

五、海洋高端仪器设备研发平台建设正式启动

加快平台规划与团队建设。围绕多模块建设的总体要求，完成东区场地工艺布局及装修方案设计，同步开展传感器模块、声学探测模块、运载设备模块等各模块规划，推进模块化建设进程。新招聘9名技术人员，年底初步形成具有一定专业能力的技术服务团队。

推进海洋仪器测试与作业保障模块建设。平台依托领域内优势资源，与山东省科学院海洋仪器仪表研究所签署共建高端仪器平台战略合作协议，共同推进海洋仪器测试并保障模块建设，以期建设一支专业的海洋仪器设备运行、维护和保障队伍，提升大型整机及部件多环境测试能力。一期立项工作全部完成并顺利进入实施阶段，其中，温湿度检定箱等设备招标流程基本完成；六自由度摇摆台等设备招标工作稳步推进；配套装修改造工程施工方案完成确认并准备施工。

启动推进智能制造模块一期建设。围绕海洋高端仪器核心零组件加工需求，依托中国航天科技集团公司第九研究院第十三研究所技术优势，以“精密、柔性、智能、绿色”为特色，采用平台和联合实验室拓展建设的方式共同推进智能制造模块建设。模块一期重点推进先进工艺研究、智能化生产能力及核心部件增材制造能力提升。一期立项工作全部完成并顺利进入实施阶段，启动实施快速机电试制、智能生产线、增材制造单元及辅助功能模块等设备采购方案。

六、海洋分子生物技术公共实验平台建设稳步推进

稳步推进基础装修改造与设施配套实施。组织调研国内外相关研发平台，完成平台功能区规划和房屋

布局细化，修订完善平台建设，推进时间计划形成平台建设推进方案，参照国际一流实验室标准，完成平台基础装修改造与设施配套建设可行性报告，全面启动平台配套建设工作。

持续推进平台仪器设备筹备工作。完成各技术单元设备的模块化组合购置方案及设备购置可行性报告编写。完成生物大数据分析与应用技术单元高性能计算集群性规划方案。积极推进冷冻电镜大科学装置立项工作，在完成该项目资料调研、实地考察、学术交流、商务交流和现场勘测等前期调研工作的基础上，形成全面详尽的冷冻电镜调研报告。

完成平台团队一期建设。积极推进聘任包振民院士成为平台领军科学家，成立分子生物平台建设与运行顾问专家组、责任专家组推进平台建设工作。组建一支平台技术支持和服务团队，包括平台主任、副主任、工程师、项目管理等多个专业技术岗位，为下一步平台各项业务工作的顺利开展奠定基础。

第四节　人才队伍建设

海洋国家实验室作为国内外海洋领域高层次人才聚集高地，探索和建立创新人员管理模式，逐步形成充满活力、鼓励创新创业的新型人才薪酬激励机制，加大“鳌山人才”引进和培养力度，从国内外引进、培养一批活跃在国际学术前沿、满足国家重大战略需求的一流科学家、学科领军人才和创新团队。初步形成了竞争择优、开放流动、科学评价、有效激励的人力资源管理新机制。

一、人才队伍规划目标明确

为满足重大战略任务攻关和公共科研平台建设等人才需求，制定人才队伍发展规划，坚持党管人才原则，以优化人才结构为重点，以提升人才创新能力为核心，汇聚海洋动力与大气科学、海洋工程装备、海洋声学光电技术等方向人才。

二、“鳌山人才”计划成效显著

全面推进“鳌山人才”领军科学家、卓越科学家引进工作，面向全球选聘海洋领域“高精尖缺”人才，进一步加强对重大科技计划与工程实施、公共科研平台建设的支撑，引进一批活跃在国际学术前沿、满足国家重大战略需求的一流科学家、学科领军人才。包括引进中国科学院院士朱日祥、澳大利亚联邦科学与工业研究组织(Commonwealth Scientific and Industrial Research Organisation，CSIRO)首席科学家蔡文炬教授作为“鳌山人才”领军科学家。启动第二批“鳌山人才”培养计划人才遴选工作，共有 30 人纳入“鳌山人才”培养计划，其中，17 人入选卓越科学家专项，8 人入选优秀青年学者专项，5 人入选杰出工程师专项。

三、科研队伍结构日益优化

汇聚国内外优势创新力量，创新单元(功能实验室、联合实验室、开放工作室和公共科研平台)共拥有固定科研人员近 1100 人、流动科研人员近 1000 人。现已面向全球汇聚了一支含两院院士 30 人、千人计划 20 人、国家杰出青年 63 人和长江学者 17 人的 2200 余人的科研队伍。与 2016 年相比，总人数增幅 10%；院士队伍新增 10 人，增幅 50%。

第五节　科技成果转化

成果转化工作面向市场和企业需求，积极贯彻落实知识产权强国战略，探索建立“混合共享”的知识产权管理体系，以问海计划项目为试点，起草专利质量管理实施细则，探索从科技创新源头提高专利质量。转变科研人员科研产出的考核意识，以技术实用和装备自主为目标，推动科技成果供给侧改革。培养综合性专业技术转移人才，探索建立符合科技创新规律和市场经济规律的科技成果转移转化体系，促进海洋科技成果资本化、产业化。

一、创新问海计划项目管理

制定并发布《青岛海洋科学与技术试点国家实验室“问海计划”试点项目管理办法(试行)》。明确项目设置类型、管理方式、实施程序、项目检查监督及知识产权归属问题。上述办法规定问海计划项目研究成果及形成的知识产权属于海洋国家实验室，项目承担单位有免费使用的权利。

组建问海计划责任专家委员会。针对“大深度水下滑翔机”和“大洋 4km 自持式智能浮标”项目，组建问海计划项目责任专家委员会，责任专家实行 AB 角制度，主要负责审议项目(课题)调整建议、审核技术(装备)总体设计方案和详细设计方案、参与项目(课题)检查与评估和验收工作、承担重要技术发展问题的咨询工作。

制定专项航次方案。围绕问海计划项目中的大洋 4km 水深自持式智能浮标及大深度水下滑翔机性能测试目标，先后组织召开问海计划项目专项航次评审会、协调会、实施方案论证会等，完成了航次任务书的签订和外拨经费的拨付工作。

二、构建成果转化体系

初步形成“研发-转化”一体化成果转化体系。对国家部委、省市 20 余项科技成果转化政策进行系统梳理，并对国内成果转化、专利管理工作走在前列的 30 余所高校院所的成果转化、专利管理政策进行调研摸底，总结形成了可借鉴的中国科学院西安光学精密机械研究所、清华大学、同济大学技术转移模式。初步构建了创新单元-技术经理人-技术转移机构“三位一体”的创新体系，开展了符合海洋国家实验室需求的科技成果转化机制建立、体系培育、政策制定、考核引导等科技管理服务工作。

培养“善科研-懂市场”的复合型技术转移人才队伍。面向一线科研和工程技术人员，组织开展首期技术经理人培训班，邀请知识产权运营及科技成果转化方面的知名专家授课，分别围绕科技成果保护策略、专利申请及保护、国内外技术转移现状及趋势等问题举办主题讲座。

加强与国家知识产权局交流合作。国家知识产权局选派专业人员到海洋国家实验室挂职，加强成果转化体系建设、知识产权运营管理等工作。在切实践行“让知识产权制度成为激励创新的基本保障”、激发科研组织创新活力、增强创新能力等方面进行了积极有益的探索和尝试。

构建高质量专利全生命周期管理。以问海计划项目为试点，制定高质量专利管理实施细则及管理流程。与项目组技术人员、技术经理人形成优势互补、协作共赢的合作机制。从专利产出源头深抓技术创新质量，在专利申请阶段重抓专利撰写质量，在专利维护运营中常抓推介合作，在成果转化成功后紧抓收益反哺工作。探索将引入科技服务的模式作为高质量专利全生命周期管理的补充。目前，已经通过调研走访、主题讲座、问海沙龙、座谈交流等方式与一些国内优秀的知识产权服务机构建立联系沟通机制。

共同发起海洋科技产业基金。为大力推动技术创新与金融资本结合，将与青岛国信发展(集团)有限责任公司谋划共同发起海洋产业基金。基金将主要投向海洋国家实验室等科研机构的科研成果早期孵化、转化项目，实现技术与资本的结合。面向海洋领域科研成果及专利技术，以科技研发、专利运营、产业孵化、风险投资为核心，根据创新需求部署资金链，推动设立科技金融产业基金，逐步建设并完善成果转化建设体系。

三、助推科技成果转化

积极筹建深蓝渔业创新园。与中国水产科学研究院共同发起成立了深蓝渔业科技创新联盟、南极磷虾产业科技创新联盟，聚集了发展深蓝渔业必需的创新资源。目前，正携手青岛市人民政府、中国水产科学研究院共同谋划建设深蓝渔业创新园，围绕陆上研发创新、海上科研试验、成果孵化培育、高端产业集群等重要方面形成四大板块，构建深蓝渔业科技产业创新格局，着力汇聚国内外一流人才，助力建设国家海洋自主创新高地。农业农村部于康震副部长视察海洋国家实验室时，对深蓝渔业创新园建设给予了高度肯定。

初步实现高端装备小规模生产。立足“蓝色生命——智慧生态养殖大数据服务平台”战略方向，2017年在长岛完成首批 15 个智能可升降深水网箱的海上安装投用，实现养殖全程观测和追溯。紧密结合研发工作与市场需求，稳步推进水下滑翔机的产业化发展，借助海洋国家实验室和投资公司的支持，对已定型的自主产权水下滑翔机开展产业化关键技术攻关，目前已完成《水下滑翔机在青岛产业化的商务策划书》，小规模生产线已经建成。

第六节　交流与合作

一、构建全球分布式协同创新网络

国际南半球海洋研究中心正式启用。2017 年 5 月 22 日，与澳大利亚联邦科学与工业研究组织共建的“国际南半球海洋研究中心”在澳大利亚霍巴特正式启用，标志着海洋国家实验室全球分布式协同创新网络建设取得实质性进展。该中心开展了南半球海洋观测与研究、教育培训和信息数据管理等工作，采用国际化运行模式，聘任世界顶尖气候变化研究科学家蔡文炬教授为主任，聚集了 John Church、Matthew England、Steve Rintoul 等三位澳大利亚科学院院士。目前已启动理解厄尔尼诺及印度洋偶极子、南大洋对海平面变化的影响等 6 项科研项目，在 *Nature Climate Change* 和 *Journal of Climate* 国际知名期刊上发表了 2 篇文章。

国际高分辨率地球系统预测实验室签约建设。2017 年 11 月 16 日，与美国国家大气研究中心、美国得州农工大学签署协议共建国际高分辨率地球系统预测实验室，标志着海洋国家实验室“东进”战略迈出坚实一步。三方强强联合，优势互补，共同聚焦研发新一代高分辨率多尺度地球系统预测模拟框架，在全球及区域尺度上提供可靠数据，为应对全球气候变化提供科学方案。

国际合作伙伴关系不断拓展。基于友好交往基础和战略合作需求，邀请美国国家工程院院士、西北太平洋国家实验室 L. Ruby Leung 博士，美国华盛顿大学应用物理实验室主任 Jeffrey Simmen 教授，英国国家海洋学中心执行主任 Ed Hill 教授，英国普利茅斯大学海洋所所长 Martin Attrill 教授，澳大利亚国家海洋研究所所长 John Gunn 教授，澳大利亚塔斯马尼亚大学海洋与南极研究所执行主任 Millard F. Coffin 教授，韩国国立釜庆大学校长金荣燮教授等百余人来访，开展学术交流，在气候变化、模式开发、深海观测、极地研究、水产养殖等重点领域探讨合作研究。海洋国家实验室主任委员会主任吴立新院士、副主任宋金明、学术委员会秘书长潘克厚等先后率团访问了美国劳伦斯伯克利国家实验室、美国夏威夷大学、澳大利亚联邦科学与工业研究组织、芬兰气象研究所、挪威海洋研究所等，有效推动了与国外科研机构的了解与互信，促进双方在相关领域务实的合作。

2017 年 9 月 1 日，海洋国家实验室与美国科学促进会（American Association for the Advancement of Science，AAAS）签署全面战略合作协议，成为国内第一家与 AAAS 签署合作协议的涉海科研机构，有望建立长期友好伙伴关系，在共同创办期刊、举办国际会议、设立国际海洋奖项、全球人才招聘等方面开展深入合作。

二、学术交流平台建设成绩斐然

发挥“鳌山论坛”高端学术论坛平台作用。作为面向全球发起的高端学术交流平台，“鳌山论坛”旨在为海洋领域的科学家提供学术交流的宽松环境，促进海洋科技发展。2017 年，共举办“鳌山论坛”16 期，汇集学术报告 300 余个，参与研讨的两院院士 41 人次、国内外专家 1000 余人次。由学术委员会主任管华诗院士、副主任唐启升院士分别发起的“中国海药开发计划”和“蓝色海洋食物计划”主题鳌山论坛，为我国蓝色药库和海洋渔业发展指明了方向；以“‘梦想号’大洋钻探船——印太海底计划”为主题的鳌山论坛，酝酿发起了“建造大洋钻探船，引领海底钻探”的大科学计划；积极推动论坛国际化，来自美、英、法、日、韩、德等国家的 70 余位专家出席论坛；参照国内外著名学术论坛运行模式，不断完善“鳌山论坛”章程，规范论坛的组织管理。

打造产学研合作平台。举办 7 期“青龙问海”学术沙龙，先后邀请赵嶧博士、美国夏威夷大学 Bruce. M. Howe 教授等 10 余位著名专家学者做主题报告。围绕水下设备组网及水下集群相关技术创新问题，在海洋传感器、水下滑翔机观测网、海洋新材料、温差发电、海洋防腐和海底观测等方面，以技术项目专场推介会形式，推进投资人、专家学者、知识产权专家之间的交流。组织水下滑翔机及移动观测平台技术与应用、渔船联网建设规划等系列研讨会，主办深蓝渔业科技创新联盟 2017 年会；参加 2017 中国（青岛）国际海洋科技展览会、第五届青岛国际海洋技术与工程设备展览会（OI China 2017）等，展示了“海瞳”全海深高清相机、海神 100、HM2000 型浮标及“海鳐”波浪滑翔器等一批代表性成果。

附录一　国家海洋创新指数指标体系

一、国家海洋创新指数内涵

国家海洋创新指数是指衡量一国海洋创新能力、切实反映一国海洋创新质量和效率的综合性指数。

国家海洋创新指数评价工作借鉴了国内外关于国家竞争力和创新评价等的理论与方法，基于创新型海洋强国的内涵分析，确定了指标选择原则，从海洋创新资源、海洋知识创造、海洋创新绩效和海洋创新环境4个方面构建了国家海洋创新指数的指标体系，力求全面、客观、准确地反映我国海洋创新能力在创新链不同层面的特点，形成一套比较完整的指标体系和评价方法。通过指数测度，为综合评价创新型海洋强国建设进程、完善海洋创新政策提供技术支撑和咨询服务。

二、创新型海洋强国内涵

建设海洋强国，急需推动海洋科技向创新引领型转变。国际历史经验表明，海洋科技发展是实现海洋强国的根本保障，应建立国家海洋创新评价指标体系，从战略高度审视我国海洋发展动态，强化海洋基础研究和人才团队建设，大力发展海洋科学技术，为经济社会各方面提供决策支持。

国家海洋创新指数评价将有利于国家和地方政府及时掌握海洋科技发展战略实施进展及可能出现的问题，为进一步采取对策提供基本信息；有利于国际、国内公众了解我国海洋事业取得的进展、成就、发展的趋势及存在的问题；有利于企业和投资者研判我国海洋领域的机遇与风险；有利于从事海洋领域研究的学者和机构掌握有关信息。

纵观我国海洋经济的发展历程，大体经历了三个阶段：资源依赖阶段、产业规模粗放扩张阶段和由量向质转变阶段。海洋科技的飞速发展，推动新型海洋产业规模不断发展扩大，成为海洋经济新的增长点。我国海域辽阔、海洋资源丰富，但是多年的粗放式发展使得资源环境问题日益突出，制约了海洋经济的进一步发展。因此，只有不断地进行海洋创新，才能促进海洋经济的健康发展，步入创新型海洋强国行列。

创新型海洋强国的最主要特征是国家海洋经济发展方式与传统的发展模式相比发生了根本的变化。创新型海洋强国的判别应主要依据海洋经济增长是主要依靠要素(传统的海洋资源消耗和资本)投入来驱动，还是主要依靠以知识创造、传播和应用为标志的创新活动来驱动。

创新型海洋强国应具备4个方面的能力：①较高的海洋创新资源综合投入能力；②较高的海洋知识创造与扩散应用能力；③较高的海洋创新绩效影响表现能力；④良好的海洋创新环境。

三、指标选择原则

(1)评价思路体现海洋可持续发展思想。不仅要考虑海洋创新整体发展环境，还要考虑经济发展、知识成果的可持续性指标，兼顾指数的时间趋势。

(2)数据来源具有权威性。基本数据必须来源于公认的国家官方统计和调查。通过正规渠道定期搜集，确保基本数据的准确性、权威性、持续性和及时性。

(3)指标具有科学性、现实性和可扩展性。海洋创新指数与各项分指数之间逻辑关系严密，分指数的每一指标都能体现科学性和客观性思想，尽可能减少人为合成指标，各指标均有独特的宏观表征意义，定义相对宽泛，并非对应唯一狭义数据，便于指标体系的扩展和调整。

(4)评价体系兼顾我国海洋区域特点。选取指标以相对指标为主，兼顾不同区域在海洋创新资源产出效率、创新活动规模和创新领域广度上的不同特点。

(5)纵向分析与横向比较相结合。既有纵向的历史发展轨迹回顾分析，也有横向的各沿海区域、各经济区、各经济圈比较和国际比较。

四、指标体系构建

创新是从创新概念提出到研发、知识产出再到商业化应用转化为经济效益的完整过程。海洋创新能力体现在海洋科技知识的产生、流动和转化为经济效益的整个过程中。应该从海洋创新环境、创新资源的投入、知识创造与应用、绩效影响等整个创新链的主要环节来构建指标，评价国家海洋创新能力。

本报告采用综合指数评价方法，从创新过程选择分指数，确定了海洋创新资源、海洋知识创造、海洋创新绩效和海洋创新环境4个分指数；遵循指标的选取原则，选择20个指标(附表1-1)形成国家海洋创新指数评价指标体系，指标均为正向指标；再利用国家海洋创新综合指数及其指标体系对我国海洋创新能力进行综合分析、比较与判断。

海洋创新资源：反映一个国家海洋创新活动的投入力度、创新型人才资源供给能力及创新所依赖的基础设施投入水平。创新投入是国家海洋创新活动的必要条件，包括科技资金投入和人才资源投入等。

海洋知识创造：反映一个国家的海洋科研产出能力和知识传播能力。海洋知识创造的形式多种多样，产生的效益也是多方面的，本报告主要从海洋发明专利和科技论文等角度考虑海洋创新的知识积累效益。

海洋创新绩效：反映一个国家开展海洋创新活动所产生的效果和影响。海洋创新绩效分指数从国家海洋创新的效率和效果两个方面选取指标。

海洋创新环境：反映一个国家海洋创新活动所依赖的外部环境，主要包括相关海洋制度创新和环境创新。其中，制度创新的主体是政府等相关部门，主要体现在政府对创新的政策支持、对创新的资金支持和对知识产权的管理等方面；环境创新主要是指创新的配置能力、创新基础设施、创新基础经济水平、创新金融及文化环境等。

附表1-1　国家海洋创新指数指标体系

综合指数	分指数	指标	
国家海洋创新指数 A	海洋创新资源 B_1	1.研究与发展经费投入强度	C_1
		2.研究与发展人力投入强度	C_2
		3.科技活动人员中高级职称所占比重	C_3
		4.科技活动人员占海洋科研机构从业人员的比重	C_4
		5.万名科研人员承担的课题数	C_5
	海洋知识创造 B_2	6.亿美元经济产出的发明专利申请数	C_6
		7.万名R&D人员的发明专利授权数	C_7
		8.本年出版科技著作	C_8
		9.万名科研人员发表的科技论文数	C_9
		10.国外发表的论文数占总论文数的比重	C_{10}
	海洋创新绩效 B_3	11.海洋科技成果转化率	C_{11}
		12.海洋科技进步贡献率	C_{12}
		13.海洋劳动生产率	C_{13}
		14.科研教育管理服务业占海洋生产总值比重	C_{14}
		15.单位能耗的海洋经济产出	C_{15}
		16.海洋生产总值占国内生产总值的比重	C_{16}

续表

综合指数	分指数	指标	
国家海洋创新指数 A	海洋创新环境 B_4	17.沿海地区人均海洋生产总值	C_{17}
		18.R&D 经费中设备购置费所占比重	C_{18}
		19.海洋科研机构科技经费筹集额中政府资金所占比重	C_{19}
		20.海洋专业大专及以上应届毕业生人数	C_{20}

附录二　国家海洋创新指数指标解释

C_1.研究与发展经费投入强度

海洋科研机构的 R&D 经费占国内海洋生产总值比重，也就是国家海洋研发经费投入强度指标，反映一个国家的海洋创新资金投入强度。

C_2.研究与发展人力投入强度

每万名涉海就业人员中 R&D 人员数，反映一个国家的创新人力资源投入强度。

C_3.科技活动人员中高级职称所占比重

海洋科研机构内从业人员中高级职称人员所占比重，反映一个国家海洋科技活动的顶尖人才力量。

C_4.科技活动人员占海洋科研机构从业人员的比重

海洋科研机构内从业人员中科技活动人员所占比重，反映一个国家海洋创新活动科研力量的强度。

C_5.万名科研人员承担的课题数

平均每万名科研人员承担的国内课题数，反映海洋科研人员从事创新活动的强度。

C_6.亿美元经济产出的发明专利申请数

一国海洋发明专利申请数量除以海洋生产总值(以汇率折算的亿美元为单位)。该指标反映了相对于经济产出的技术产出量和一个国家的海洋创新活动的活跃程度。3 种专利(发明专利、实用新型专利和外观设计专利)中，发明专利技术含量和价值最高，发明专利申请数可以反映一个国家的海洋创新活动的活跃程度和自主创新能力。

C_7.万名 R&D 人员的发明专利授权数

平均每万名 R&D 人员的国内发明专利授权量，反映一个国家的自主创新能力和技术创新能力。

C_8.本年出版科技著作

指经过正式出版部门编印出版的科技专著、大专院校教科书、科普著作。只统计本单位科技人员为第一作者的著作，同一书名计为一种著作，与书的发行量无关，反映一个国家海洋科学研究的产出能力。

C_9.万名科研人员发表的科技论文数

平均每万名科研人员发表的科技论文数，反映科学研究的产出效率。

C_{10}.国外发表的论文数占总论文数的比重

一国发表的科技论文中，在国外发表的论文所占比重，可反映科技论文相关研究的国际化水平。

C_{11}.海洋科技成果转化率

衡量海洋科技创新成果转化为商业开发产品的指数，是指为提高生产力水平而对科学研究与技术开发所产生的具有实用价值的海洋科技成果所进行的后续试验、开发、应用、推广直至形成新产品、新工艺、新材料，发展新产业等活动占海洋科技成果总量的比值。

C_{12}.海洋科技进步贡献率

海洋科技进步贡献率的定义以海洋科技进步增长率的定义为基础，是指在海洋经济各行业中，海洋科技进步增长率在整个海洋经济增长率中所占的比例。而海洋科技进步增长率则是指人类利用海洋资源和海洋空间进行各类社会生产、交换、分配和消费等活动时，剔除资金和劳动等生产要素以外其他要素的增长，具体是指由技术创新、技术扩散、技术转移与引进引起的装备技术水平的提高、技术工艺的改良、劳动者素质的提升及管理决策能力的增强等。

C_{13}.海洋劳动生产率

采用涉海就业人员的人均海洋生产总值，反映海洋创新活动对海洋经济产出的作用。

C_{14}.科研教育管理服务业占海洋生产总值比重

反映海洋科研、教育、管理及服务等活动对海洋经济的贡献程度。

C_{15}.单位能耗的海洋经济产出

采用万吨标准煤能源消耗的海洋生产总值，用来测度海洋创新带来的减少资源消耗的效果，也反映一个国家海洋经济增长的集约化水平。

C_{16}.海洋生产总值占国内生产总值的比重

反映海洋经济对国民经济的贡献，用来测度海洋创新对海洋经济的推动作用。

C_{17}.沿海地区人均海洋生产总值

按沿海地区人口平均的海洋生产总值，它在一定程度上反映了沿海地区人民的生活水平，可以衡量海洋生产力的增长情况和海洋创新活动所处的外部环境。

C_{18}.R&D 经费中设备购置费所占比重

海洋科研机构的 R&D 经费中设备购置费所占比重，反映海洋创新所需的硬件设备条件，一定程度上反映海洋创新的硬环境。

C_{19}.海洋科研机构科技经费筹集额中政府资金所占比重

反映政府投资对海洋创新的促进作用及海洋创新所处的制度环境。

C_{20}.海洋专业大专及以上应届毕业生人数

反映一个国家海洋科技人力资源培养与供给能力。

附录三　国家海洋创新指数评价方法

国家海洋创新指数的计算方法采用国际上流行的标杆分析法，即洛桑国际竞争力评价采用的方法。标杆分析法是目前国际上广泛采用的一种评价方法，其原理是：对被评价的对象给出一个基准值，并以此标准去衡量所有被评价的对象，从而发现彼此之间的差距，给出排序结果。

采用海洋创新评价指标体系中的指标，利用 2002～2016 年指标数据，分别计算以后各年的海洋创新指数与分指数得分，与基年比较即可看出国家海洋创新指数增长情况。

一、原始数据标准化处理

设定 2002 年为基准年，基准值为 100。对国家海洋创新指数指标体系中 20 个指标的原始值进行标准化处理。具体操作为

$$C_j^t = \frac{100x_j^t}{x_j^1}$$

式中，j=1～20 为指标序列编号；t=1～15 为 2002～2016 年编号；x_j^t 表示各年各项指标的原始数据值（x_j^1 表示 2002 年各项指标的原始数据值）；C_j^t 表示各年各项指标标准化处理后的值。

二、国家海洋创新分指数测算

采用等权重[①]（下同）测算各年国家海洋创新指数分指数得分。

当 $i=1$ 时，$B_1^t = \sum_{j=1}^{5} \beta_1 C_j^t$，其中 $\beta_1 = \frac{1}{5}$；

当 $i=2$ 时，$B_2^t = \sum_{j=6}^{10} \beta_2 C_j^t$，其中 $\beta_2 = \frac{1}{5}$；

当 $i=3$ 时，$B_3^t = \sum_{j=11}^{16} \beta_3 C_j^t$，其中 $\beta_3 = \frac{1}{6}$；

当 $i=4$ 时，$B_4^t = \sum_{j=17}^{20} \beta_4 C_j^t$，其中 $\beta_4 = \frac{1}{4}$；

式中，t=1～15，B_1^t、B_2^t、B_3^t、B_4^t 依次代表各年海洋创新资源分指数、海洋知识创造分指数、海洋创新绩效分指数和海洋创新环境分指数的得分。

三、国家海洋创新指数测算

采用等权重（同上）测算国家海洋创新指数得分，即

$$A^t = \sum_{i=1}^{4} \varpi B_i^t$$

式中，i=1～4；t=1～15；ϖ 为权重（等权重为 $\frac{1}{4}$）；A^t 为各年的国家海洋创新指数得分。

---

① 采用《国家海洋创新指数报告 2016》的权重选取方法，取等权重

附录四　区域海洋创新指数评价方法

一、区域海洋创新指数指标体系说明

区域海洋创新指数由海洋创新资源、海洋知识创造、海洋创新绩效和海洋创新环境 4 个分指数构成。与国家海洋创新指数指标体系相比，区域海洋创新绩效分指数相比于国家海洋创新绩效分指数缺少“海洋科技进步贡献率”和“海洋科技成果转化率”2 个指标。

二、原始数据归一化处理

对 2016 年 18 个指标的原始值分别进行归一化处理。归一化处理是为了消除多指标综合评价中，计量单位的差异和指标数值的数量级、相对数形式的差别，解决数据指标的可比性问题，使各指标处于同一数量级，便于进行综合对比分析。

指标数据处理采用直线型归一化方法，即

$$c_{ij} = \frac{y_{ij} - \min y_{ij}}{\max y_{ij} - \min y_{ij}}$$

式中，i=1～11 为我国大陆 11 个沿海省(直辖市、自治区)序列编号；j=1～18 为指标序列编号；y_{ij} 表示各项指标的原始数据值；c_{ij} 表示各项指标归一化处理后的值。

三、区域海洋创新分指数计算

区域海洋创新资源分指数得分 $b_1 = 100 \times \sum_{j=1}^{5} \varphi_1 c_j$，其中 $\varphi_1 = \frac{1}{5}$；

区域海洋知识创造分指数得分 $b_2 = 100 \times \sum_{j=6}^{10} \varphi_2 c_j$，其中 $\varphi_2 = \frac{1}{5}$；

区域海洋创新绩效分指数得分 $b_3 = 100 \times \sum_{j=11}^{14} \varphi_3 c_j$，其中 $\varphi_3 = \frac{1}{4}$；

区域海洋创新环境分指数得分 $b_4 = 100 \times \sum_{j=15}^{18} \varphi_4 c_j$，其中 $\varphi_4 = \frac{1}{4}$。

式中，$j = 1 \sim 18$；b_1、b_2、b_3、b_4 依次代表区域海洋创新资源分指数、区域海洋知识创造分指数、区域海洋创新绩效分指数和区域海洋创新环境分指数的得分。

四、区域海洋创新指数计算

采用等权重(同国家海洋创新指数)测算区域海洋创新指数得分。

$$a = \frac{1}{4}(b_1 + b_2 + b_3 + b_4)$$

式中，a 为区域海洋创新指数得分。

附录五　沿海省(直辖市、自治区)得分与排名

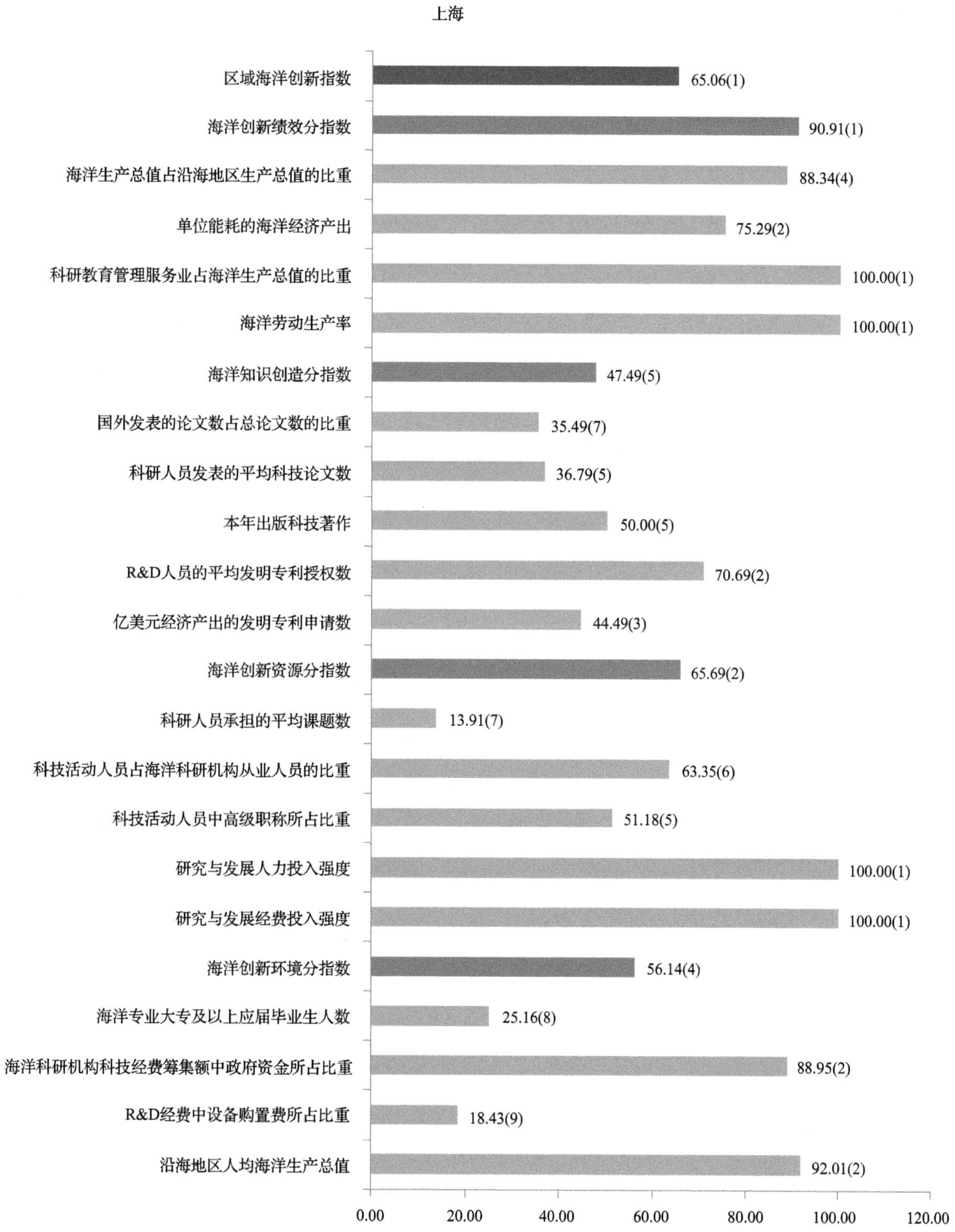

上海

区域海洋创新指数 65.06(1)
海洋创新绩效分指数 90.91(1)
海洋生产总值占沿海地区生产总值的比重 88.34(4)
单位能耗的海洋经济产出 75.29(2)
科研教育管理服务业占海洋生产总值的比重 100.00(1)
海洋劳动生产率 100.00(1)
海洋知识创造分指数 47.49(5)
国外发表的论文数占总论文数的比重 35.49(7)
科研人员发表的平均科技论文数 36.79(5)
本年出版科技著作 50.00(5)
R&D人员的平均发明专利授权数 70.69(2)
亿美元经济产出的发明专利申请数 44.49(3)
海洋创新资源分指数 65.69(2)
科研人员承担的平均课题数 13.91(7)
科技活动人员占海洋科研机构从业人员的比重 63.35(6)
科技活动人员中高级职称所占比重 51.18(5)
研究与发展人力投入强度 100.00(1)
研究与发展经费投入强度 100.00(1)
海洋创新环境分指数 56.14(4)
海洋专业大专及以上应届毕业生人数 25.16(8)
海洋科研机构科技经费筹集额中政府资金所占比重 88.95(2)
R&D经费中设备购置费所占比重 18.43(9)
沿海地区人均海洋生产总值 92.01(2)

0.00　20.00　40.00　60.00　80.00　100.00　120.00

附图 5-1　上海市区域海洋创新指数、分指数及各指标得分与排名

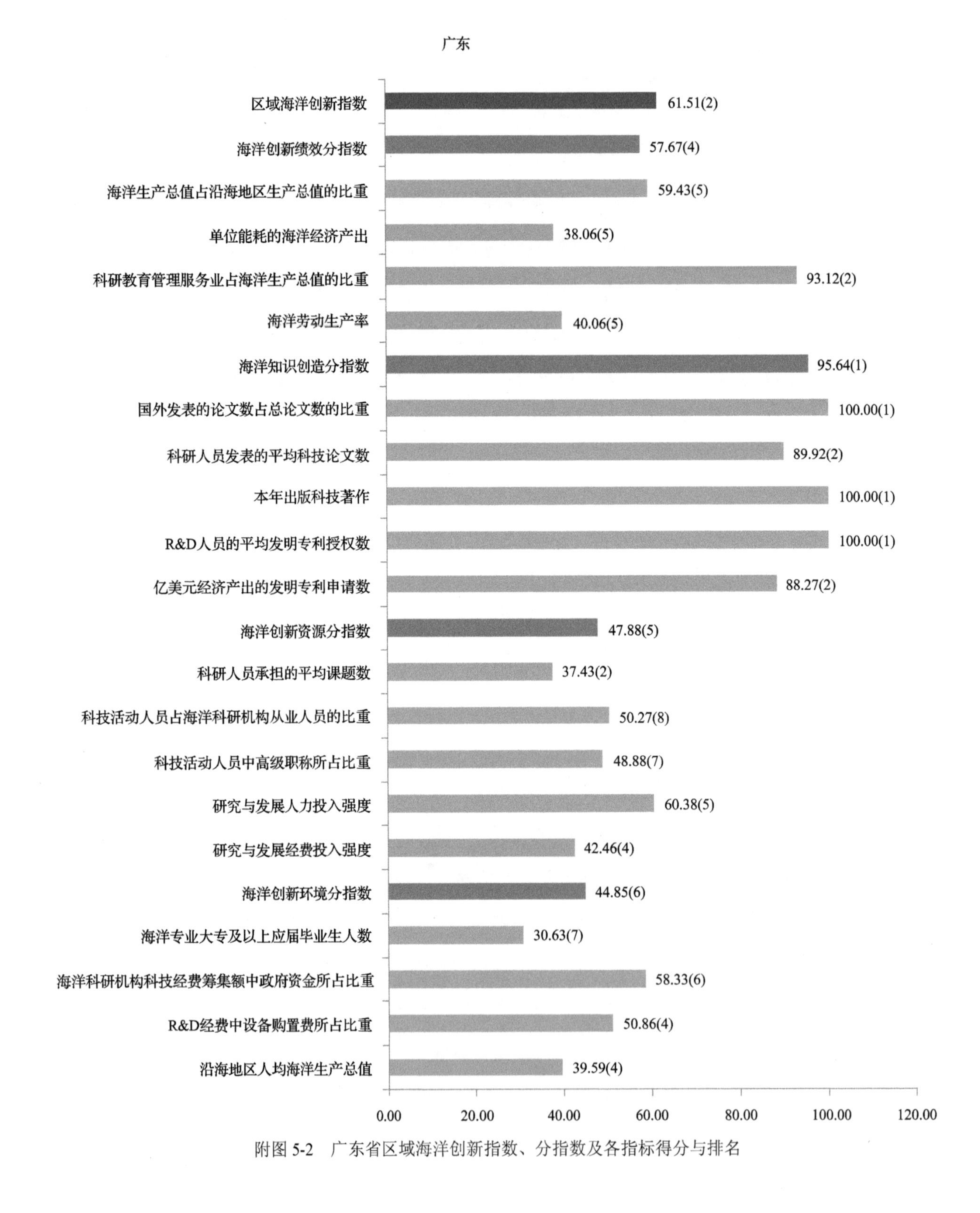

附图 5-2　广东省区域海洋创新指数、分指数及各指标得分与排名

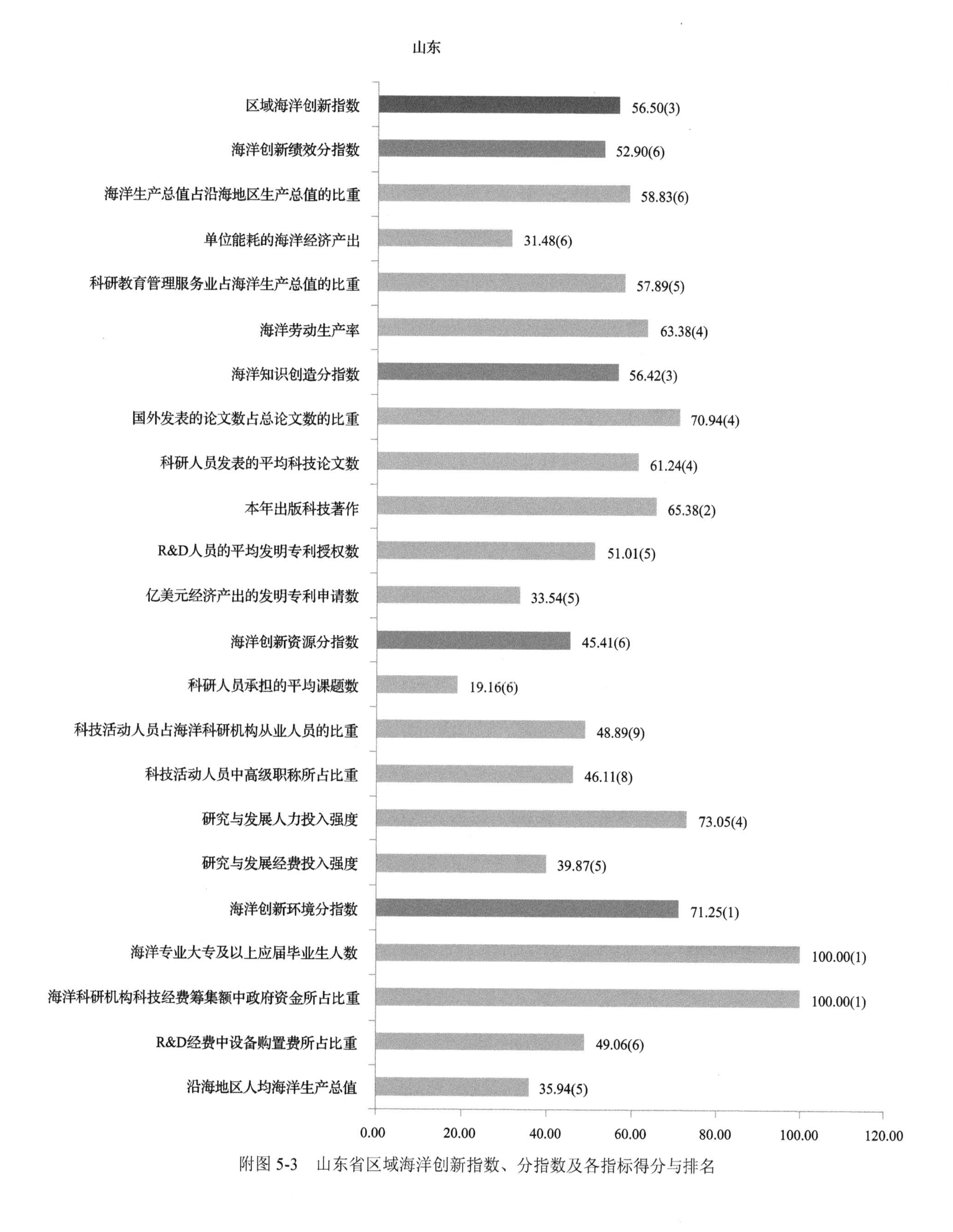

附图 5-3　山东省区域海洋创新指数、分指数及各指标得分与排名

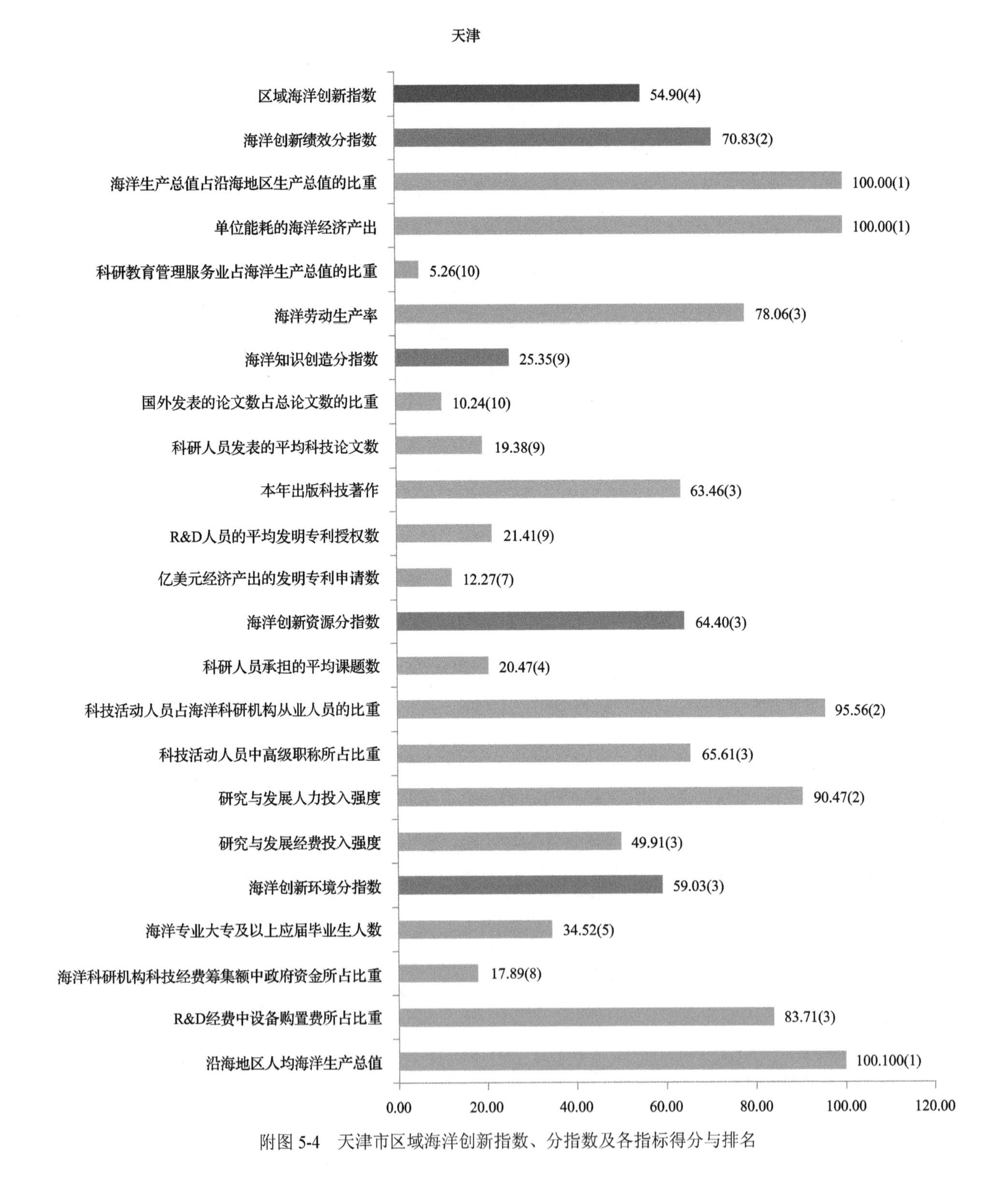

附图 5-4　天津市区域海洋创新指数、分指数及各指标得分与排名

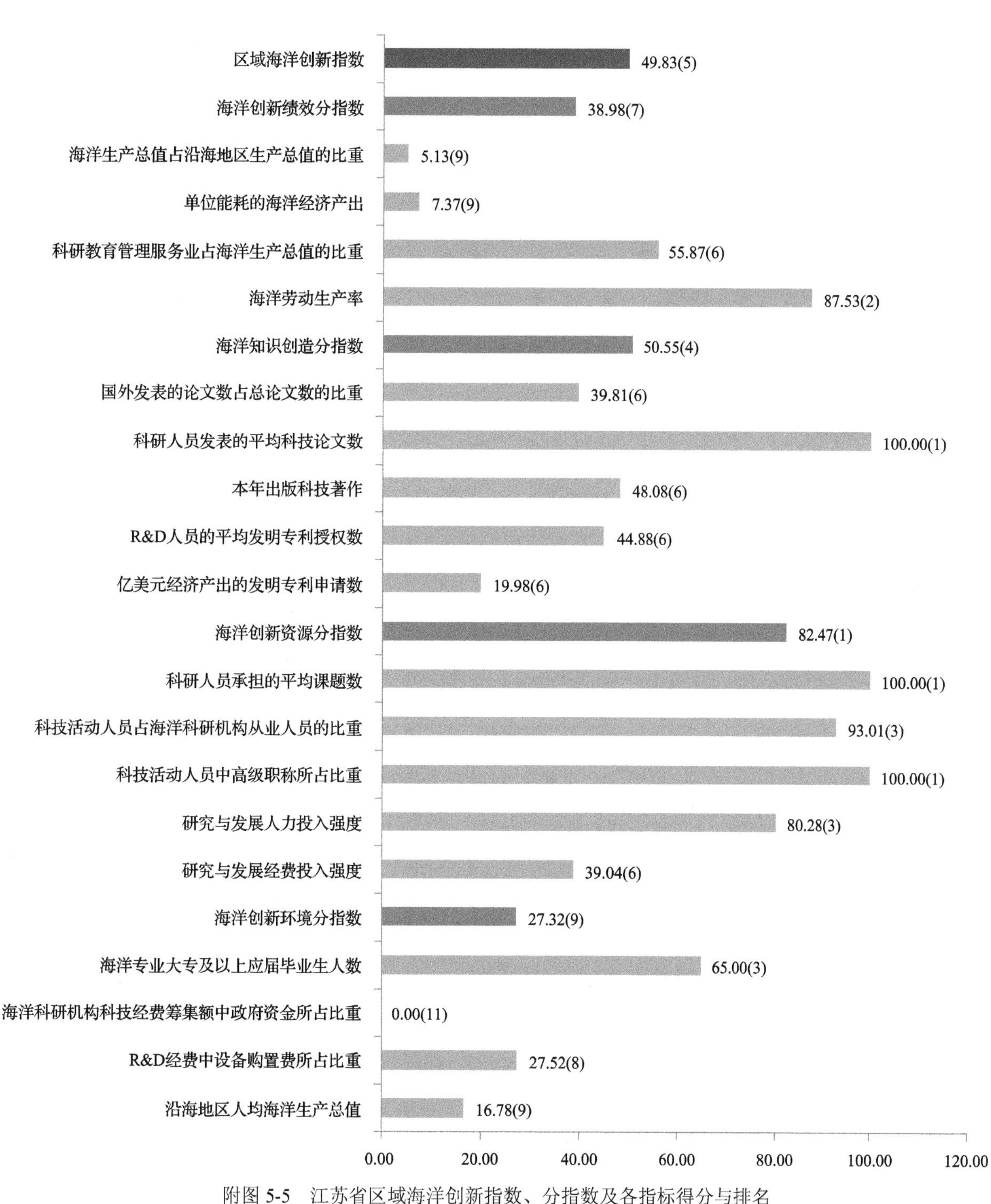

附图 5-5 江苏省区域海洋创新指数、分指数及各指标得分与排名

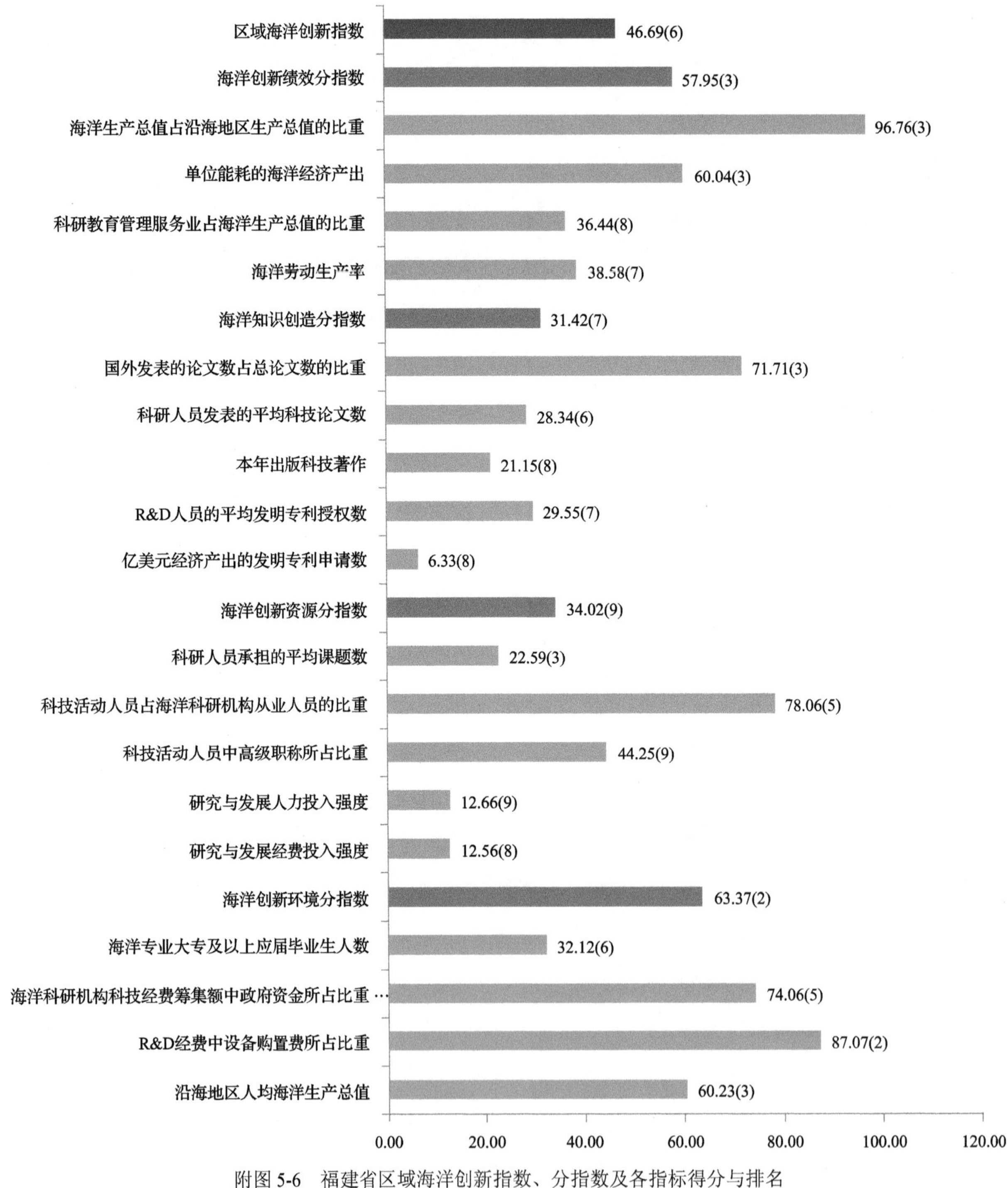

附图 5-6　福建省区域海洋创新指数、分指数及各指标得分与排名

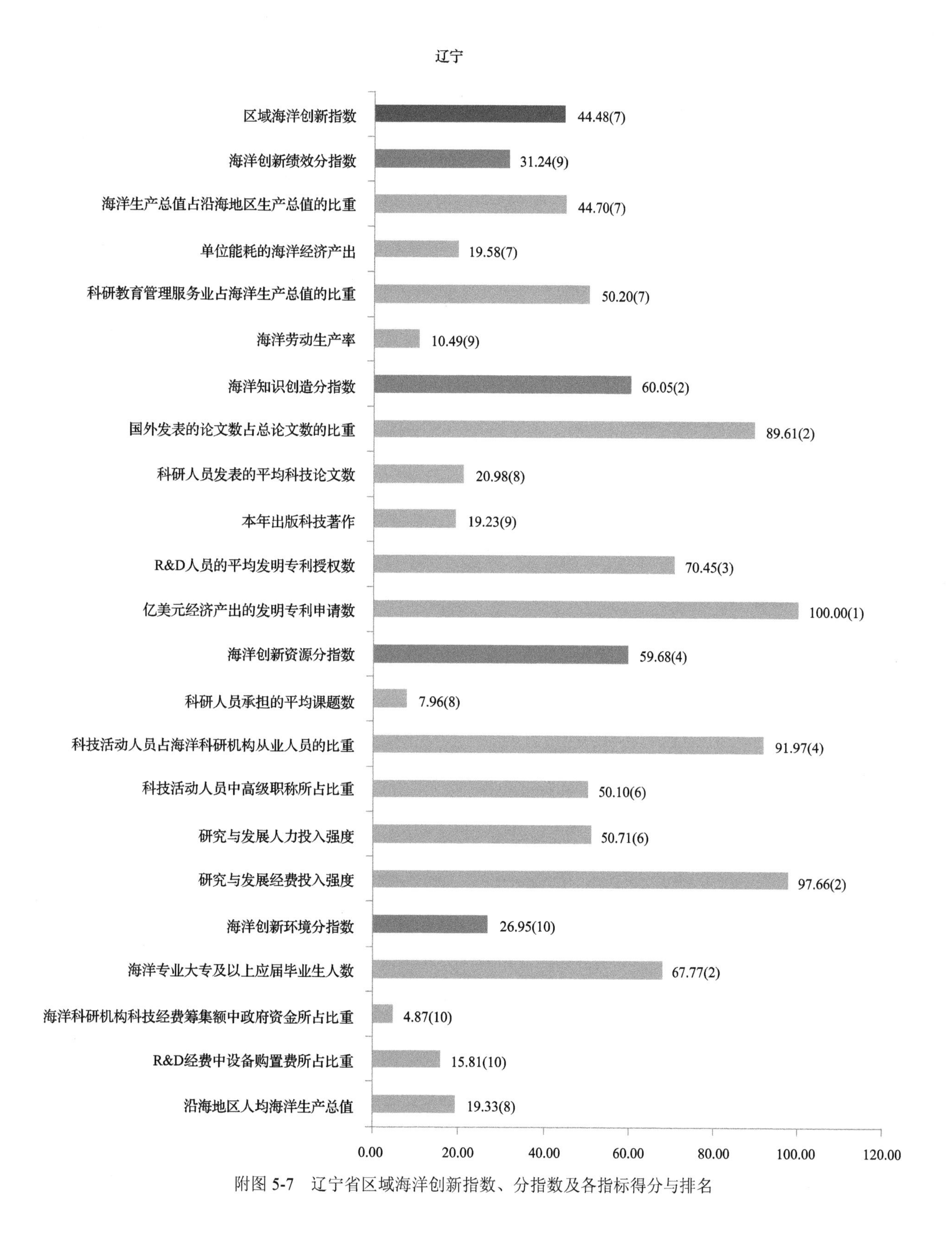

附图 5-7　辽宁省区域海洋创新指数、分指数及各指标得分与排名

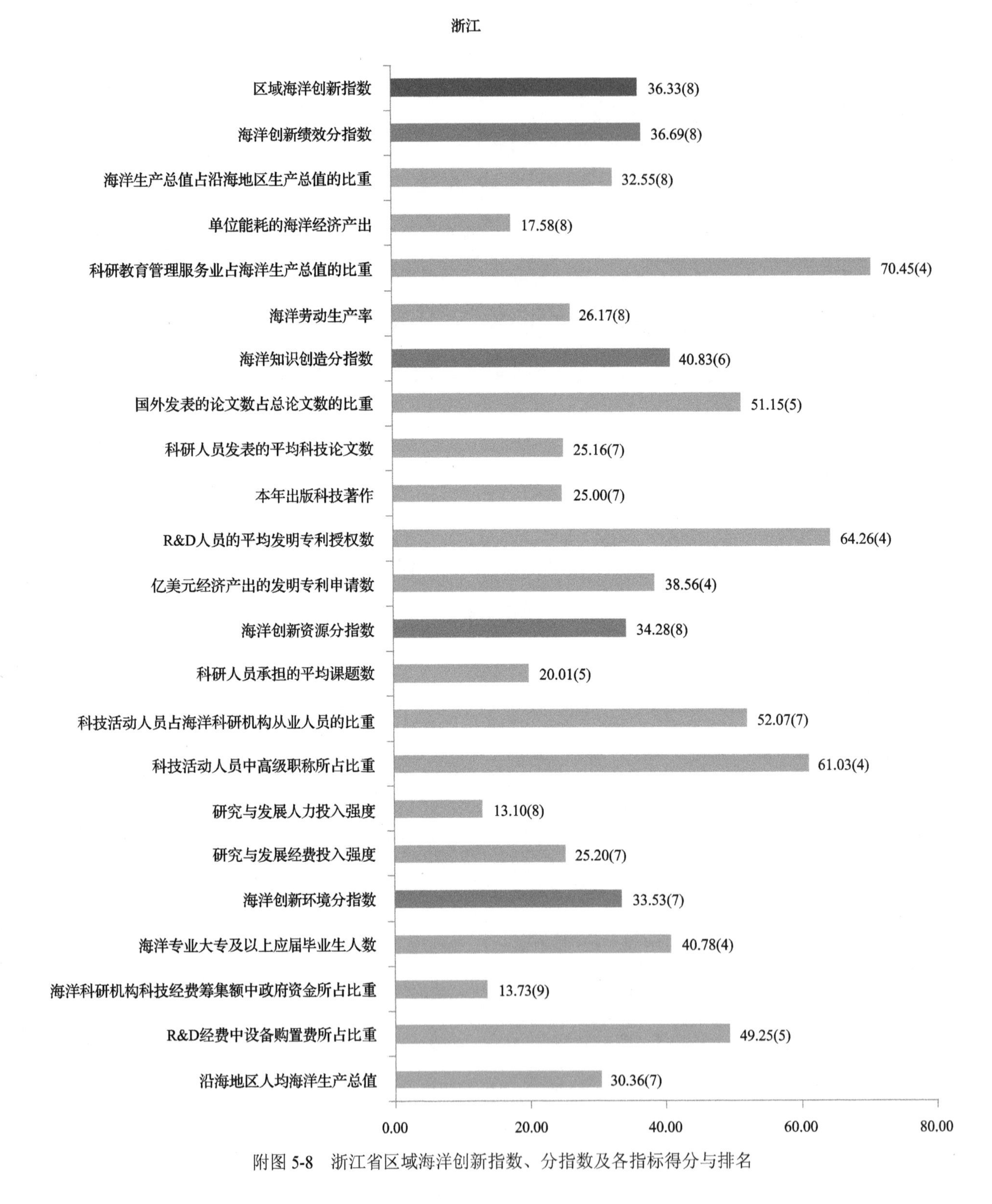

附图 5-8　浙江省区域海洋创新指数、分指数及各指标得分与排名

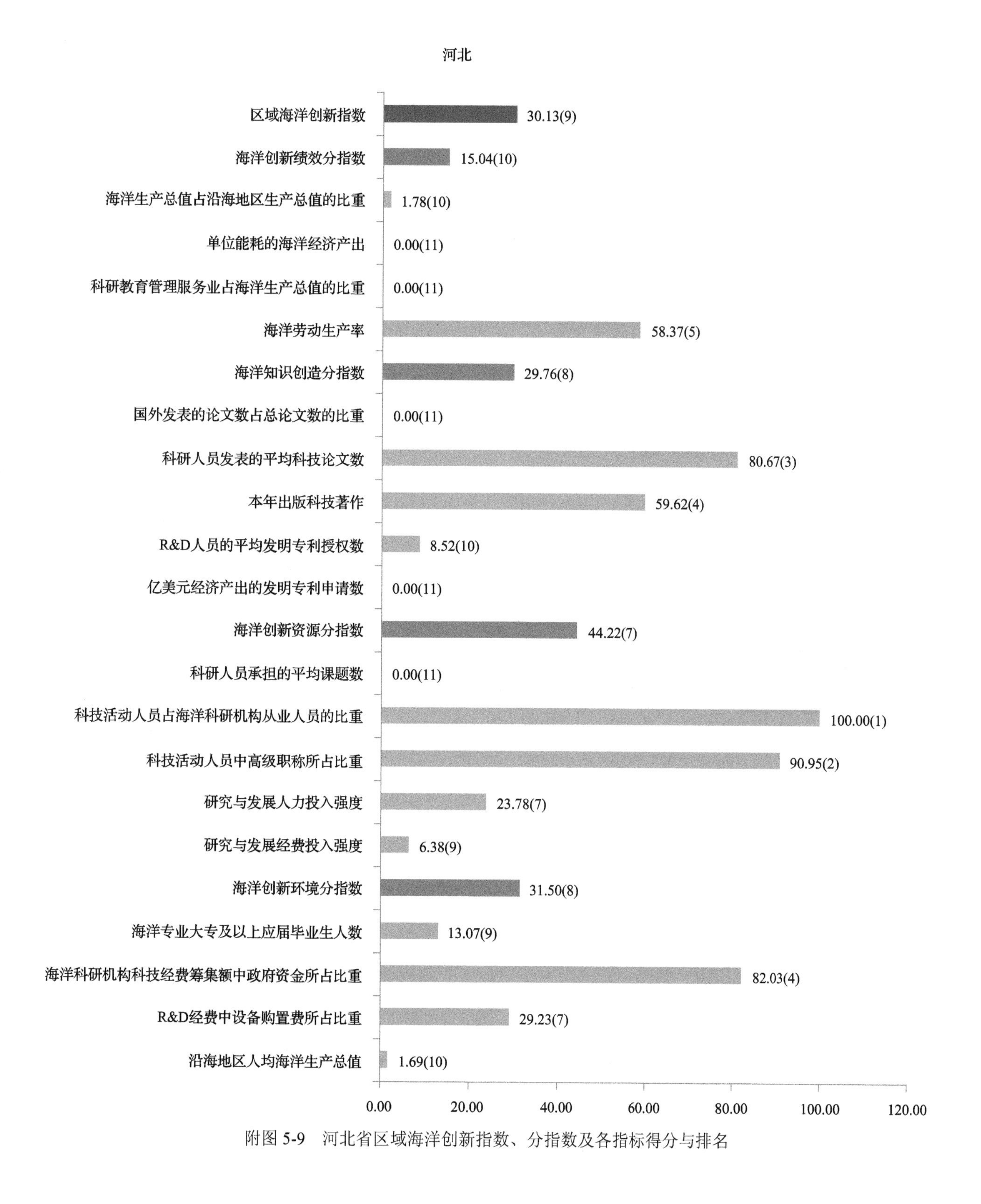

附图 5-9　河北省区域海洋创新指数、分指数及各指标得分与排名

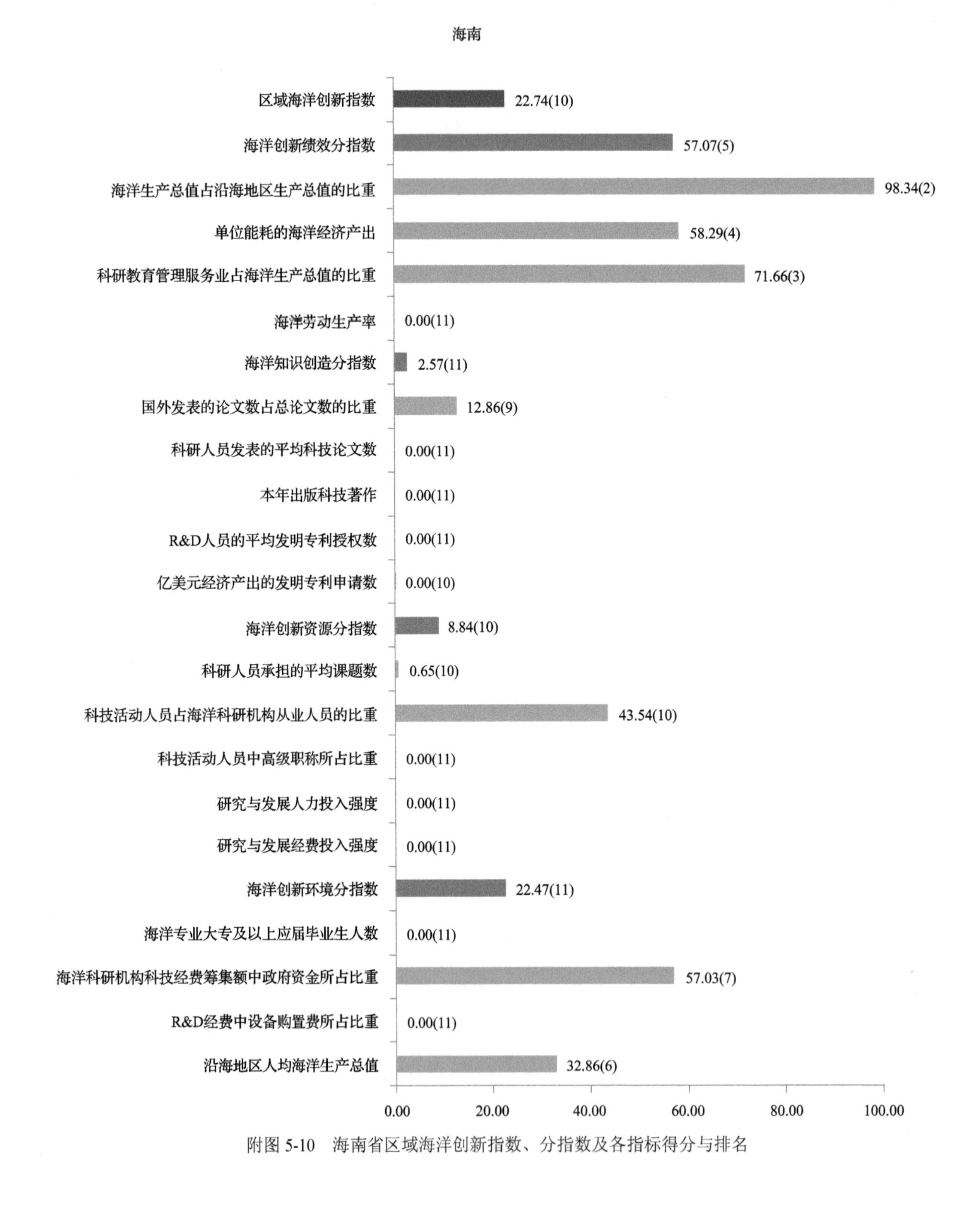

附图 5-10　海南省区域海洋创新指数、分指数及各指标得分与排名

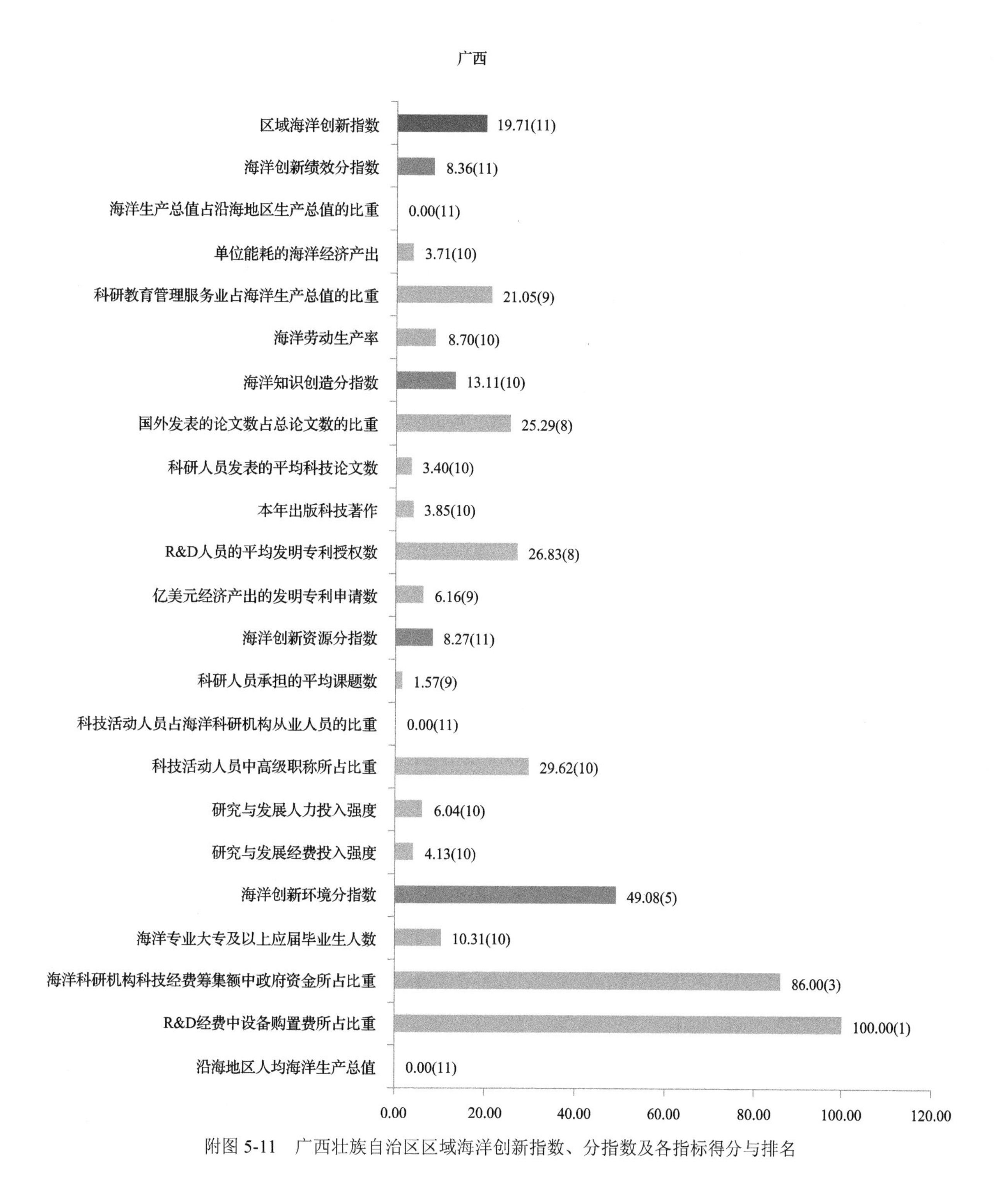

附图 5-11　广西壮族自治区区域海洋创新指数、分指数及各指标得分与排名

附录六　海洋科技进步贡献率测算方法

目前，进行科技进步贡献率测算的常用方法是索洛余值法，这也是国家发展和改革委员会(原国家计划委员会)、国家统计局及科学技术部等普遍使用的方法。

索洛余值法以柯布-道格拉斯生产函数作为基础模型，该方法表明了经济增长除取决于资本增长率、劳动增长率及资本和劳动对收入增长的相对作用的权数以外，还取决于技术进步，区分了由要素数量增加而产生的“增长效应”和因要素技术水平提高而带来经济增长的“水平效应”，系统地解释了经济增长的原因。

海洋经济涉及多个行业和部门，为综合反映海洋领域各行业的科技进步对海洋经济整体增长的贡献，需要对海洋领域各行业进行全面测算，再按照各行业经济总产值在海洋经济整体中所占的比重，将各行业的科技进步在增长速度测算阶段进行汇总加权，得出海洋科技进步增长率，并进一步测算得出海洋科技进步贡献率。

根据海洋科技进步贡献率的理论内涵和特点，海洋科技进步贡献率可涉及的海洋产业范围有：直接从海洋中获取产品的生产和服务；直接对从海洋中获取的产品所进行的一次性加工生产和服务；直接应用于海洋的产品生产和服务；利用海水或海洋空间作为生产过程的基本要素所进行的生产和服务。其中，海洋科学研究、教育、技术等其他服务和管理范畴不适宜纳入海洋科技进步贡献率测算范围。

结合我国海洋科技的特点，通过对 8 个海洋产业的产出增长率、资本增长率和劳动增长率进行产业加权，构建海洋科技进步贡献率测算的基本公式，公式推导过程如下。

令第 i 个产业(i=1, 2, 3, …, 8)分别代表海洋养殖、海洋捕捞、海洋盐业、海洋船舶工业、海洋石油、海洋天然气、海洋交通运输、滨海旅游；$y_i(t)$表示第 i 个产业 t 期的产出增长率，其中$t\in[t_1,t_2]$；$k_i(t)$与$l_i(t)$分别表示 t 期的资本与劳动投入增长率，其中$t\in[t_1,t_2]$；γ_i代表第 i 个产业在总海洋产业中的权重；k_i、l_i、y_i分别表示$k_i(t)$、$l_i(t)$、$y_i(t)$在$t_1\sim t_2$内的平均值，即

$$k_i=\frac{\sum\limits_{t=t_1}^{t_2}k_i(t)}{n}、l_i=\frac{\sum\limits_{t=t_1}^{t_2}l_i(t)}{n}、y_i=\frac{\sum\limits_{t=t_1}^{t_2}y_i(t)}{n}\quad（n=t_2-t_1）$$

式中，k、l、y分别表示k_i、l_i、y_i的加权平均值，即

$$k=\sum_{i=1}^{8}k_i\gamma_i、l=\sum_{i=1}^{8}l_i\gamma_i、y=\sum_{i=1}^{8}y_i\gamma_i$$

由此可得

$$A=1-\frac{\alpha k}{y}-\frac{\beta l}{y}=1-\frac{\alpha\sum\limits_{i=1}^{8}k_i\gamma_i}{\sum\limits_{i=1}^{8}y_i\gamma_i}-\frac{\beta\sum\limits_{i=1}^{8}l_i\gamma_i}{\sum\limits_{i=1}^{8}y_i\gamma_i}$$

$$=1-\frac{\alpha\sum\limits_{i=1}^{8}\frac{\sum\limits_{i=t1}^{t_2}k_i(t)}{n}}{\sum\limits_{i=1}^{8}\frac{\sum\limits_{i=t_1}^{t_2}y_i(t)}{n}\gamma_i}-\frac{\beta\sum\limits_{i=1}^{8}\frac{\sum\limits_{i=t1}^{t_2}l_i(t)}{n}}{\sum\limits_{i=1}^{8}\frac{\sum\limits_{i=t_1}^{t_2}y_i(t)}{n}\gamma_i}$$

式中，A 表示研究期内的海洋科技进步贡献率；α 与 β 分别表示海洋产业资本和劳动的弹性系数。

在指标时长的选取方面，由于海洋科技对海洋经济的影响是长期的，海洋科技进步贡献率测算时间在10年以上为妥，最少5年。综合考虑海洋管理实际需要和海洋数据年限限制，本研究在“十一五”期间指标测算和“十二五”期间指标短期预测时使用5年数据平均值，其他测算和长期预测时使用10年数据平均值(根据2006～2016年时长而定)。

在海洋产业的选取上，根据《中国海洋统计年鉴 2017》，2016年我国主要海洋产业包括海洋渔业(16.20%)、海洋油气业(3.03%)、海洋矿业(0.24%)、海洋盐业(0.14%)、海洋船舶工业(4.58%)、海洋化工业(3.55%)、海洋生物医药业(1.17%)、海洋工程建筑业(7.58%)、海洋电力业(0.44%)、海水利用业(0.05%)、海洋交通运输业(20.96%)和滨海旅游业(42.05%)12大产业(附表6-1)。经初步筛选和可行性分析，确定数据可支持的8个可测算产业包括海水养殖业、海洋捕捞业、海洋盐业、海洋船舶工业、海洋石油业、海洋天然气产业、海洋交通运输业、滨海旅游业。以上8个海洋产业的产值总和约占主要海洋产业总值的86.96%，基本能够有效地反映我国海洋经济发展情况。

附表 6-1　2016 年我国主要海洋产业增加值

主要海洋产业	增加值(亿元)	占比(%)
海洋渔业	4 641.1	16.20
海洋油气业	868.8	3.03
海洋矿业	68.8	0.24
海洋盐业	39.2	0.14
海洋船舶工业	1 312.2	4.58
海洋化工业	1 017.1	3.55
海洋生物医药业	336	1.17
海洋工程建筑业	2 172.2	7.58
海洋电力业	125.6	0.44
海水利用业	14.6	0.05
海洋交通运输业	6 003.7	20.96
滨海旅游业	12 047	42.05
合计	28 646.3	—

在弹性系数的确定方面，计算海洋科技进步贡献率时，可采用经验估计法、比值法和回归法确定资本和劳动产出弹性系数。经验估计法是指借鉴其他权威专家所测算出的系数；比值法的原理是利用与资本投入量和劳动投入量有关的数据计算两者的比值；回归法是指采用有约束(即 $\alpha+\beta=1$)或无约束的生产函数模型，代入相应数值后，根据计量方法(即利用最小二乘法进行回归)估算出两个弹性系数。本次测算采用的是 α=0.3，β=0.7。

在权重的确定方面，根据《中国海洋统计年鉴》中我国“十二五”期间8个海洋产业的产值情况，确定各产业权重值(附表6-2)。

附表 6-2　各产业权重值

产业	权重	产业	权重
海水养殖业	0.1096	海洋石油业	0.0709
海洋捕捞业	0.0810	海洋天然气产业	0.0045
海洋盐业	0.0003	海洋交通运输业	0.2489
海洋船舶工业	0.0664	滨海旅游业	0.4154

在数据来源方面，本研究使用的代表海洋产业产值、资本和劳动的指标数据均来源于相应年份的《中国海洋统计年鉴》(附表 6-3)。从数据基础来看，目前可用于测算的连续数据为 1996～2016 年海洋产业产值、资本和劳动数据(对个别缺失数据进行趋势拟合插值)。

附表 6-3　八大产业的产出、资本和劳动指标

八大产业	产出指标	资本指标	劳动指标
海水养殖业	海水养殖产量	海水养殖面积	海洋渔业及相关产业就业人员数
海洋捕捞业	海洋捕捞产量	主要海上活动船舶总吨	海洋渔业及相关产业就业人员数
海洋盐业	沿海地区海盐产量	盐业生产面积	海洋盐业就业人员数
海洋船舶工业	海洋船舶工业增加值	沿海地区造船完工量	海洋船舶工业就业人员数
海洋石油业	沿海地区海洋原油产量	海洋采油井	海洋石油和天然气业就业人员数
海洋天然气产业	沿海地区海洋天然气产量	海洋采气井	海洋石油和天然气业就业人员数
海洋交通运输业	海洋交通运输业增加值	沿海规模以上港口生产用码头泊位个数	海洋交通运输业就业人员数
滨海旅游业	滨海旅游业增加值	沿海地区旅行社总数	滨海旅游业就业人员数

将各行业的基准数据代入海洋科技进步贡献率公式，经调整和验证，得出我国“十一五”期间海洋科技进步贡献率的平均值为 54.4%，2006～2016 年海洋科技进步贡献率的平均值为 65.9%。

附录七　海洋科技成果转化率测算方法

海洋科技成果转化率的定义源于科技成果转化率。在科技成果转化率的研究方面，国外学者很少直接使用“科技成果转化”，而是用“科技经济一体化”“技术创新”“技术转化”“技术推广”“技术扩散”或“技术转移”来代替，且国外并没有针对全社会领域进行科技成果转化情况的统计或评价。

从国内来看，各领域学者对于科技成果转化率的定义不尽相同，主要可归纳为以下三种情况。

观点一：科技成果转化率是指已转化的科技成果占应用技术科技成果的比率。学者们认为“已转化的科技成果”并非指所有一切得到“转化”的科技成果。将应用技术成果用于生产并考察市场对该技术成果的可接受程度和直接利益或间接利益，若该应用技术成果可成功转化为商品并取得规模效益，则说明该项应用技术成果实现了转化。

观点二：科技成果转化率即已转化的科技成果占全部科技成果的比率。学者们认为，大多数的基础理论成果和部分软科学成果虽然无法直接应用于实际生产且成果转化的量化程度偏低，但其依然能够在一定程度上推动科技的进步与产业结构的调整和优化，因此建议将基础理论成果和软科学成果的转化情况纳入科技成果转化。

观点三：从管理角度来说，科技成果转化率应表示科技成果占全部研究课题的比率。

对于观点二来说，由于海洋领域的基础研究成果和软科学研究成果几乎都不能直接应用于生产实际，难以实现海洋科技成果的转化，因此不应采纳这一观点。对于观点三来说，定义中涉及的“科技成果”和“研究课题”来源于两套不同的海洋统计数据，其中“科技成果”来源于海洋科技统计数据，“研究课题”来源于海洋科技成果统计数据，因此这一观点不能正确地反映实际海洋科技成果转化情况。因此，本报告采用观点一，对海洋科技成果转化率进行定义如下：海洋科技成果转化率是指一定时期内涉海单位进行自我转化或转化生产，处于投入应用或生产状态，并达到成熟应用的海洋科技成果占全部海洋科技应用技术成果的百分率。

根据海洋科技成果转化率的定义，可构建海洋科技成果转化率的公式为

海洋科技成果转化率=成熟应用的海洋科技成果/全部海洋科技应用技术成果×100%

由于海洋科技成果的转化是一个长期的过程，在测算海洋科技成果转化率时，覆盖周期越长，指标越符合实际。

需要注意的是，本报告所探讨的海洋科技成果转化率是狭义上的指标，公式中“成熟应用的海洋科技成果”和“全部海洋科技应用技术成果”均来自于海洋科技成果登记数据。从广义上来说，海洋科研课题、专利、论文、奖励、标准、软件著作权都属于海洋科技成果，难以统计且相互之间存在交叉重叠；从海洋科技成果形成，到初步应用，再到形成产品，直至达到规模化、产业化阶段，都可以算作海洋科技成果转化过程，难以辨别衡量。

基于海洋科技成果统计数据，根据海洋科技成果转化率标准公式进行计算，可得出 2016 年我国海洋科技成果转化率约为 50.0%。

根据科技成果登记表，可将应用技术成果分为三个阶段。初期阶段指实验室、小试等初期阶段的研究成果。中期阶段指新产品、新工艺、新生产过程直接用于生产前，为从技术上进一步改进产品、工艺或生产过程而进行的中间试验(中试)；为进行产品定型设计，获取生产所需技术参数而制备的样机、试样；为广泛推广而作的示范；为达到成熟应用阶段、广泛推广而进行的阶段性研究成果。成熟应用阶段指工业化生产、正式(或可正式)投入应用的成果，包括农业技术大面积推广、医疗卫生的临床应用、公安与军工的正样和定型等成果。

附录八　区域分类依据及相关概念界定

一、沿海省(直辖市、自治区)

拥有海岸线的 11 个省(直辖市、自治区)，具体包括天津、河北、辽宁、上海、江苏、浙江、福建、山东、广东、广西和海南。

二、海洋经济区

我国有五大海洋经济区，分别为：环渤海经济区、长江三角洲经济区、海峡西岸经济区、珠江三角洲经济区和环北部湾经济区。其中环渤海经济区中纳入评价的沿海省(直辖市)为辽宁、河北、山东、天津；长江三角洲经济区中纳入评价的沿海省(直辖市)为江苏、上海、浙江；海峡西岸经济区中纳入评价的沿海省为福建；珠江三角洲经济区中纳入评价的沿海省为广东；环北部湾经济区中纳入评价的沿海省(自治区)为广西和海南。

三、海洋经济圈

海洋经济圈分区依据《全国海洋经济发展“十二五”规划》，分别为北部海洋经济圈、东部海洋经济圈和南部海洋经济圈。北部海洋经济圈由辽东半岛、渤海湾和山东半岛沿岸及海域组成，本报告纳入评价的沿海省(直辖市)包括天津、河北、辽宁和山东；东部海洋经济圈由江苏、上海、浙江沿岸及海域组成，纳入评价的沿海省(直辖市)包括江苏、浙江和上海；南部海洋经济圈由福建、珠江口及其两翼、北部湾、海南岛沿岸及海域组成，纳入评价的沿海省(自治区)包括福建、广东、广西和海南。

附录九　主要涉海高等学校清单（含涉海比例系数）

一、教育部直属高等学校

北京大学（0.0932，根据北京大学的涉海专业数占专业总数的比例确定涉海比例系数，下同）、清华大学（0.0256）、北京师范大学（0.1373）、中国地质大学（北京）（0.2381）、天津大学（0.0877）、大连理工大学（0.0886）、上海交通大学（0.0484）、南京大学（0.1163）、河海大学（0.9020）、浙江大学（0.1102）、厦门大学（0.0707）、中国海洋大学（0.8462）、武汉大学（0.0645）、中国地质大学（武汉）（0.2258）、中山大学（0.1280）、同济大学（0.0859）、华东师范大学（0.0789）、华中科技大学（0.0566）、华南理工大学（0.0490）。

二、工业和信息化部直属高等学校

哈尔滨工业大学（0.0462）。

三、交通运输部直属高等学校

大连海事大学（0.9348）。

四、地方高等学校

上海海洋大学（0.3191）、广东海洋大学（0.2200）、大连海洋大学（0.9545）、浙江海洋学院（0.8913）、宁波大学（0.1935）、集美大学（0.2388）、南京信息工程大学（0.2759）、海南热带海洋学院（0.1964）。

附录十　涉海学科清单（教育部学科分类）

附表 10-1　涉海学科清单（教育部学科分类）

代码	学科名称	说明
140	**物理学**	
14020	声学	
1402050	水声和海洋声学	原名为“水声学”
1403064	海洋光学	
170	**地球科学**	
17050	地质学	
1705077	石油与天然气地质学	含天然气水合物地质学
17060	海洋科学	
1706010	海洋物理学	
1706015	海洋化学	
1706020	海洋地球物理学	
1706025	海洋气象学	
1706030	海洋地质学	
1706035	物理海洋学	
1706040	海洋生物学	
1706045	海洋地理学和河口海岸学	原名为“河口、海岸学”
1706050	海洋调查与监测	
	海洋工程	见 41630
	海洋测绘学	见 42050
1706061	遥感海洋学	亦名“卫星海洋学”
1706065	海洋生态学	
1706070	环境海洋学	
1706075	海洋资源学	
1706080	极地科学	
1706099	海洋科学其他学科	
240	**水产学**	
24010	水产学基础学科	
2401010	水产化学	
2401020	水产地理学	
2401030	水产生物学	
2401033	水产遗传育种学	
2401036	水产动物医学	
2401040	水域生态学	
2401099	水产学基础学科其他学科	
24015	水产增殖学	
24020	水产养殖学	
24025	水产饲料学	
24030	水产保护学	
24035	捕捞学	

续表

代码	学科名称	说明
24040	水产品贮藏与加工	
24045	水产工程学	
24050	水产资源学	
24055	水产经济学	
24099	水产学其他学科	
340	**军事医学与特种医学**	
34020	特种医学	
3402020	潜水医学	
3402030	航海医学	
413	**信息与系统科学相关工程与技术**	
41330	信息技术系统性应用	
4133030	海洋信息技术	
416	**自然科学相关工程与技术**	
41630	海洋工程与技术	代码原为 57050，原名为“海洋工程”
4163010	海洋工程结构与施工	代码原为 5705010
4163015	海底矿产开发	代码原为 5705020
4163020	海水资源利用	代码原为 5705030
4163025	海洋环境工程	代码原为 5705040
4163030	海岸工程	
4163035	近海工程	
4163040	深海工程	
4163045	海洋资源开发利用技术	包括海洋矿产资源、海水资源、海洋生物、海洋能开发技术等
4163050	海洋观测预报技术	包括海洋水下技术、海洋观测技术、海洋遥感技术、海洋预报预测技术等
4163055	海洋环境保护技术	
4163099	海洋工程与技术其他学科	代码原为 5705099
420	**测绘科学技术**	
42050	海洋测绘	
4205010	海洋大地测量	
4205015	海洋重力测量	
4205020	海洋磁力测量	
4205025	海洋跃层测量	
4205030	海洋声速测量	
4205035	海道测量	
4205040	海底地形测量	
4205045	海图制图	
4205050	海洋工程测量	
4205099	海洋测绘其他学科	
480	**能源科学技术**	
48060	一次能源	
4806020	石油、天然气能	

续表

代码	学科名称	说明
4806030	水能	包括海洋能等
4806040	风能	
4806085	天然气水合物能	
490	**核科学技术**	
49050	核动力工程技术	
4905010	舰船核动力	
570	**水利工程**	
57010	水利工程基础学科	
5701020	河流与海岸动力学	
580	**交通运输工程**	
58040	水路运输	
5804010	航海技术与装备工程	原名为“航海学”
5804020	船舶通信与导航工程	原名为“导航建筑物与航标工程”
5804030	航道工程	
5804040	港口工程	
5804080	海事技术与装备工程	
58050	船舶、舰船工程	
610	**环境科学技术及资源科学技术**	
61020	环境学	
6102020	水体环境学	包括海洋环境学
620	**安全科学技术**	
62010	安全科学技术基础学科	
6201030	灾害学	包括灾害物理、灾害化学、灾害毒理等
780	**考古学**	
78060	专门考古	
7806070	水下考古	
790	**经济学**	
79049	资源经济学	
7904910	海洋资源经济学	
830	**军事学**	
83030	战役学	
8303020	海军战役学	
83035	战术学	
8303530	海军战术学	

说明：根据二级学科所包含的涉海学科（三级学科）数占其所包含的三级学科总数的比例确定二级学科涉海比例系数如下：声学（0.06）、光学（0.06）、地质学（0.04）、海洋科学（1）、水产学基础学科（1）、水产增殖学（1）、水产养殖学（1）、水产饲料学（1）、水产保护学（1）、捕捞学（1）、水产品贮藏与加工（1）、水产工程学（1）、水产资源学（1）、水产经济学（1）、水产学其他学科（1）、特种医学（0.33）、信息技术系统性应用（0.25）、海洋工程与技术（1）、海洋测绘（1）、一次能源（0.36）、核动力工程技术（0.20）、水利工程基础学科（0.25）、水路运输（0.56）、船舶、舰船工程（1）、环境学（0.17）、安全科学技术基础学科（0.17）、专门考古（0.11）、资源经济学（0.17）、战役学（0.17）、战术学（0.17）。

编 制 说 明

为响应国家海洋创新战略，服务国家创新体系建设，国家海洋局第一海洋研究所自 2006 年起着手开展海洋创新指标的测算工作，并于 2013 年正式启动国家海洋创新指数的研究工作。《国家海洋创新指数报告 2017～2018》是相关系列报告的第五期，现将有关情况说明如下。

一、需求分析

创新驱动发展已经成为我国的国家发展战略，《中共中央关于全面深化改革若干重大问题的决定》明确提出要“建设国家创新体系”。海洋创新是建设创新型国家的关键领域，也是国家创新体系的重要组成部分。探索构建国家海洋创新指数指标体系，评价我国国家海洋创新能力，对海洋强国的建设意义重大。国家海洋创新评估系列报告编制的必要性主要表现在以下 4 个方面。

(一) 全面摸清我国海洋创新家底的迫切需要

搜集海洋经济统计、科技统计和科技成果登记等海洋创新数据，全面摸清我国海洋创新家底，是客观分析我国国家海洋创新能力的基础。

(二) 深入把握我国海洋创新发展趋势的客观需要

从海洋创新资源、海洋知识创造、海洋创新绩效和海洋创新环境 4 个方面，挖掘分析海洋创新数据，深入把握我国海洋创新发展趋势，以满足认清我国海洋创新路径与方式的客观需要。

(三) 准确测算我国海洋创新重要指标的实际需要

对海洋科技进步贡献率、海洋科技成果转化率等海洋创新重要指标进行测算和预测，切实反映我国海洋创新的质量和效率，为我国海洋创新政策的制定提供重要指标支撑。

(四) 全面了解国际海洋创新发展态势的现实需要

分析国际海洋创新发展态势，从海洋领域产出的论文与专利等方面分析国际海洋创新在基础研究和技术研发层面上的发展态势，全面了解国际海洋创新发展态势，为我国海洋创新发展提供参考。

二、编制依据

(一) 十九大报告

党的十九大报告明确提出要“加快建设创新型国家”，并指出“创新是引领发展的第一动力，是建设现代化经济体系的战略支撑。要瞄准世界科技前沿，强化基础研究”“加强国家创新体系建设，强化战略科技力量”“坚持陆海统筹，加快建设海洋强国”。

(二) 十八届五中全会报告

十八届五中全会报告指出，“必须把创新摆在国家发展全局的核心位置，不断推进理论创新、制度创新、科技创新、文化创新等各方面创新，让创新贯穿党和国家一切工作，让创新在全社会蔚然成风”。

（三）国家创新驱动发展战略纲要

中共中央、国务院 2016 年 5 月印发的《国家创新驱动发展战略纲要》指出，“党的十八大提出实施创新驱动发展战略，强调科技创新是提高社会生产力和综合国力的战略支撑，必须摆在国家发展全局的核心位置。这是中央在新的发展阶段确立的立足全局、面向全球、聚焦关键、带动整体的国家重大发展战略”。

（四）中华人民共和国国民经济和社会发展第十三个五年规划纲要

《中华人民共和国国民经济和社会发展第十三个五年规划纲要》提出创新驱动主要指标，强化科技创新引领作用，并指出“把发展基点放在创新上，以科技创新为核心，以人才发展为支撑，推动科技创新与大众创业万众创新有机结合，塑造更多依靠创新驱动、更多发挥先发优势的引领型发展”。

（五）推动共建丝绸之路经济带和 21 世纪海上丝绸之路的愿景与行动

《推动共建丝绸之路经济带和 21 世纪海上丝绸之路的愿景与行动》提出“创新开放型经济体制机制，加大科技创新力度，形成参与和引领国际合作竞争新优势，成为‘一带一路’特别是 21 世纪海上丝绸之路建设的排头兵和主力军”的发展思路。

（六）中共中央关于全面深化改革若干重大问题的决定

《中共中央关于全面深化改革若干重大问题的决定》明确提出要“建设国家创新体系”。

（七）“十三五”国家科技创新规划

《“十三五”国家科技创新规划》提出“‘十三五’时期是全面建成小康社会和进入创新型国家行列的决胜阶段，是深入实施创新驱动发展战略、全面深化科技体制改革的关键时期，必须认真贯彻落实党中央、国务院决策部署，面向全球、立足全局，深刻认识并准确把握经济发展新常态的新要求和国内外科技创新的新趋势，系统谋划创新发展新路径，以科技创新为引领开拓发展新境界，加速迈进创新型国家行列，加快建设世界科技强国”。

（八）海洋科技创新总体规划

《海洋科技创新总体规划》战略研究首次工作会上提出“要围绕‘总体’和‘创新’做好海洋战略研究”“要认清创新路径和方式，评价好‘家底’”。

（九）“十三五”海洋领域科技创新专项规划

《“十三五”海洋领域科技创新专项规划》明确提出“进一步建设完善国家海洋科技创新体系，提升我国海洋科技创新能力，显著增强科技创新对提高海洋产业发展的支撑作用”。

（十）全国海洋经济发展规划纲要

《全国海洋经济发展规划纲要》提出要“逐步把我国建设成为海洋强国”。

（十一）全国科技兴海规划纲要（2016—2020 年）

《全国科技兴海规划纲要（2016—2020 年）》提出，“到 2020 年，形成有利于创新驱动发展的科技兴海长效机制，构建起链式布局、优势互补、协同创新、集聚转化的海洋科技成果转移转化体系。海洋科技引领海洋生物医药与制品、海洋高端装备制造、海水淡化与综合利用等产业持续壮大的能力显著增强，培育海洋新材料、海洋环境保护、现代海洋服务等新兴产业的能力不断加强，支撑海洋综合管理和公益服务的能力明显提升。海洋科技成果转化率超过 55%，海洋科技进步对海洋经济增长贡献率超过 60%，发明专利拥有量年均增长率达到20%，海洋高端装备自给率达到50%。基本形成海洋经济和海洋事业互动互进、融合发展的局面，为海洋强国建设和我国进入创新型国家行列奠定坚实基础”。

（十二）国家中长期科学和技术发展规划纲要(2006—2020年)

《国家中长期科学和技术发展规划纲要(2006—2020年)》提出，要“把提高自主创新能力作为调整经济结构、转变增长方式、提高国家竞争力的中心环节，把建设创新型国家作为面向未来的重大战略选择”，并指出科技工作的指导方针是“自主创新，重点跨越，支撑发展，引领未来”，强调要“全面推进中国特色国家创新体系建设，大幅度提高国家自主创新能力”。

（十三）“十三五”国家科技创新专项规划

《“十三五”国家科技创新专项规划》指出创新是引领发展的第一动力。规划从六方面对科技创新进行了重点部署，以深入实施创新驱动发展战略、支撑供给侧结构性改革。该规划提出，到2020年，我国国家综合创新能力世界排名要从目前的第18位提升到第15位；科技进步贡献率要从目前的55.3%提高到60%；研发投入强度要从目前的2.1%提高到2.5%。

三、数据来源

《国家海洋创新指数报告2017～2018》所用数据来源如下。

(1)《中国统计年鉴》。

(2)《中国海洋统计年鉴》。

(3)科学技术部科技统计数据。

(4)教育部涉海高校和涉海学科科技统计数据。

(5)中国科学院兰州文献情报中心统计海洋科学论文、海洋专利等数据。

(6)中国科学引文数据库(Chinese Science Citation Database，CSCD)。

(7)科学引文索引扩展版(Science Citation Index Expanded，SCIE)数据库。

(8)德温特专利索引数据库(Derwent Innovation Index，DII)。

(9)工程索引(Engineering Index，EI)。

(10)海洋科技成果登记数据。

(11)《高等学校科技统计资料汇编》。

(12)其他公开出版物。

四、编制过程

《国家海洋创新指数报告2017～2018》受国家海洋局科学技术司委托，由国家海洋局第一海洋研究所海洋政策研究中心组织编写；中国科学院兰州文献情报中心参与编写了海洋论文、专利和国际海洋科技研究态势专题分析等部分；国家海洋局科学技术司提供了我国海洋经济创新发展区域示范专题相关内容；科学技术部创新发展司、教育部科学技术司、国家海洋信息中心和华中科技大学管理学院等单位、部门提供了数据支持。编制过程分为前期准备阶段、数据测算与报告编制阶段、征求意见与修改阶段等3个阶段，具体介绍如下。

（一）前期准备阶段

形成基本思路。2018年1～2月，国家海洋创新评估系列报告第一期(《国家海洋创新指数试评估报告2013》)、第二期(《国家海洋创新指数试评估报告2014》)、第三期(《国家海洋创新指数报告2015》)、第四期(《国家海洋创新指数报告2016》)分别在2015年5月、2015年12月、2016年12月和2017年1月出版。2018年初，在《国家海洋创新指数报告2017～2018》前期工作的基础上，经过多次研究讨论和交流沟通，总结归纳前四期的经验和不足之处，形成《国家海洋创新指数报告 2017～2018》的编制思路，编写《国家海洋创新指数报告 2017～2018》具体方案，汇报国家海洋局科学技术司。

收集数据。2018 年 1 月，顺利从华中科技大学科技统计信息中心和教育部科学技术司获取海洋科研机构科技创新数据、《高等学校科技统计资料汇编》相关数据和涉海高等学校按照涉海学科（一级）提取的涉海科技创新数据。同时，与中国科学院兰州文献情报中心合作，获取海洋领域 SCI 论文和海洋专利等数据。

组建报告编写组与指标测算组。2018 年 1 月，在国家海洋局科学技术司和国家海洋创新指数试评价顾问组的指导下，在《国家海洋创新指数报告 2016》原编写组基础上，组建《国家海洋创新指数报告 2017～2018》编写组与指标测算组，具体由国家海洋局第一海洋研究所海洋政策研究中心与中国科学院兰州文献情报中心等人员组成。

（二）数据测算与报告编制完善阶段

数据处理与分析。2018 年 1～2 月，对海洋科研机构科技创新数据及《中国统计年鉴》《中国海洋统计年鉴》《高等学校科技统计资料汇编》、涉海高等学校按照涉海学科（一级）提取的涉海科技创新数据等来源数据，进行数据处理与分析。

数据测算。2018 年 2 月 20 日～3 月 20 日，测算海洋科技进步贡献率和海洋科技成果转化率，并根据相应的评价方法测算国家海洋创新指数和区域海洋创新指数。

报告文本初稿编写。2018 年 3 月 21 日～4 月 20 日，根据数据分析结果和指标测算结果，完成报告第一稿的编写。

数据第一轮复核。2018 年 4 月 21 日～5 月 7 日，组织测算组进行数据第一轮复核，重点检查数据来源、数据处理过程与图表。

报告文本第二稿修改。2018 年 5 月 8～22 日，根据数据复核结果和指标测算结果，修改报告初稿，形成征求意见文本第二稿。

数据第二轮复核。2018 年 5 月 23～31 日，组织测算组进行数据第二轮复核，流程按照逆向复核的方式，根据文本内容依次检查图表、数据处理过程、数据来源。

小范围征求意见。2018 年 6 月 1～8 日，进行小范围内部征求意见。

数据第三轮复核。2018 年 6 月 1～5 日，按照顺向与逆向结合复核的方式，核对数据来源、数据处理过程及文本与图表的对应。

报告文本第三稿完善。2018 年 6 月 9～14 日，根据数据第三轮复核结果和小范围征求意见的情况，完善报告文本，形成征求意见第三稿。

（三）报告评审与修改完善阶段

根据专家咨询意见修改。2018 年 6 月 15 日，召开专家咨询会议，向专家汇报并根据专家意见修改文本。

内审及报告文本第四稿修改。2018 年 7 月 26 日～8 月 2 日，中心组织进行内部审查，并根据意见修改文本。

管理部门审查。2018 年 7 月 26 日～8 月 4 日，报送自然资源部科技发展司[①]和科学技术部创新发展司审查，并根据意见修改文本。

计算过程复核。2018 年 7 月 30 日～8 月 4 日，组织测算组进行计算过程的认真复核，重点检查计算过程的公式、参数和结果准确性，并根据复核结果进一步完善文本，结合各轮修改意见，形成征求意见第四稿。

顾问组审查。2018 年 8 月，组织顾问组审查，并根据审查意见修改文本。

---

① 原国家海洋局科学技术司

编写组文本校对。2018 年 9 月 1～25 日，编写组成员按照章节对报告文本进行校对，根据各成员意见和建议修改完善文本。

出版社预审。2018 年 9 月，向科学出版社编辑部提交文本电子版进行预审。

管理部门审核。2018 年 10 月 19 日，报送自然资源部科技发展司审核。

五、意见与建议吸收情况

已征求意见 30 多人次。经汇总，收到意见和建议 300 多条。

根据反馈的意见和建议，共吸收意见和建议 220 多条。反馈意见和建议吸收率约为 73.3%。

更 新 说 明

一、增减了部分章节和内容

⑴新增了第五章“我国海洋科研机构的空间分布与演化趋势”和第六章“全球海洋创新能力分析”。

⑵删减了《国家海洋创新指数报告 2016》第六章“我国海洋经济创新发展区域示范专题分析”和第七章“我国海洋科技投入产出效率专题分析”的相应内容。

二、更新了国内和国际数据

⑴更新了国际涉海创新论文数据。原始数据更新至 2016 年，用于海洋创新产出成果部分的分析，以及国内外海洋创新论文方面的比较分析。

⑵更新了国际涉海专利数据。原始数据更新至 2016 年，用于海洋创新产出成果部分的分析，以及国内外海洋创新专利方面的比较分析。

⑶更新了国内数据。国家海洋创新评价指标所用原始数据更新至 2016 年，区域海洋创新指数评价指标更新为 2016 年数据。

⑷更新了数据来源。由于提供的企业数据的数量低于往年收集数量，相应数据的测算与比较受到较大影响，故剔除企业数据，形成新的原始数据，重新测算的各指数与以往报告中数据会有相应差距。

三、调整了国家海洋创新指数指标体系

因 2016 年科学技术部科技统计数据中不再包含企业数据，对国家海洋创新指数指标体系中的分指数进行调整，删减海洋企业创新分指数。